図解 思わずだれかに話したくなる

身近にあふれる「放射線」が

3時間でわかる本

著者 児玉一八

この本を開いた皆さんへ

放射線——この言葉を目にした皆さんは、どんなことをお感じになったでしょうか。

自分のまわりから遠ざけたい物——そう思われた方も少なくないと思います。

2011 年に福島第一原発で事故が起こって、大量の放射性物質がもれ出して以来、放射線を意識せずに日本で暮らすのはむずかしくなってしまいました。これはとてもやっかいなことです。

放射線は目に見えないし、においや味もないので、目の前を飛んでいてもわかりません。ですから、「今までは身のまわりに放射線なんていうものはなかったのに、原発事故のせいで自分の近くにやってきた」と考えている方もいらっしゃるでしょう。

ところが放射線はもともと、私たちの身のまわりをいつも飛んでいたのです。宇宙や地面から放射線が飛んでくるし、食べ物からも放射線が出ているし、あなたの体からも飛び出ています。

放射線を大量に浴びると生き物は死んでしまいます。浴びる量が増えると"がん"になる可能性も高くなります。ですが、普通に暮らしていて、宇宙や大地、食べ物などから出ているくらいの量の放射線を心配する必要はありません。

放射線は生活の中でも、いろいろなところに顔を出します。病

院に行ったら「レントゲン写真」を撮る機会がありますし、タイヤを丈夫にしたり、苦くておいしいゴーヤーを食べたりできるのも、放射線があるからです。

　放射線はいつも私たちのまわりにあるけれども、それが何かの理由でたくさんになってしまうと、私たちによからぬことを起こしてしまいます。つまり、放射線について考えるときには、その「量が大事」というわけですね。

　こうした放射線とつき合っていくためには、「放射線とは、こういうものだ」という知識をもつことが大事だと思います。この本には、そういった放射線の基礎知識が書かれています。項目はたくさんありますが、1つひとつは読み切りになっていて、どこから読んでも放射線のいろいろな「顔」がわかると思います。

　この本を読んだあなたが、放射線とのつき合い方のヒントを1つでもつかんでいただけたら、とてもうれしいです。

　なお増刷にあたり、2023年9月時点の福島第一原発などの状況をふまえて、加筆・修正しました。

　この本は、明日香出版社の田中裕也さんのおかげでできあがりました。むずかしくなりがちな筆者の文章を、わかりやすくおもしろくするためにいろいろな助言をいただきました。

目次

序章 「ほうしゃせん」って何?

第1章　放射線と放射能のきほんを学ぼう

第2章　身近にあふれる放射線と放射性物質

第3章　放射線を浴びるとどうなるのか

第4章　放射線と放射性物質のいろいろな利用

第5章　原発のしくみと福島第一原発事故

第6章　原子炉と放射線の事故・事件

デザイン・イラスト　末吉 喜美
DTP・図版　石山 沙蘭

「放射線」のいろいろ

アルファ（α）線

ウランやラジウムのような重い放射性核種の原子核が出す放射線で、陽子2個と中性子2個のかたまり。プラスの電気を帯びて重いので、薄い紙も通り抜けられない。物質の中を突き進みながら大きな電気的力を及ぼしていくため、あたった物質への影響は大きい。

ベータ（β）線

原子核から飛び出てくる電子。質量が小さく（アルファ線の7300分の1）、マイナスの電荷をもっているので、まわりの物質の影響を受けてジグザグに進んでいく。飛ぶ距離は空気中で数十センチメートルから数メートルくらい。紙は通り抜けるが、アルミホイルは通らない。

ガンマ（γ）線

不安定な原子核から、余分なエネルギーをもらって飛び出してきた、目に見えない高エネルギーの光。電磁波なので空気中でも影響を受けず、エネルギーがなくなるまで直線的に、ときには何キロメートルも飛んでいく。コンクリートや鉛などでないと、さえぎることができない。

中性子線

中性子は、陽子とともに原子核を作っている素粒子。ウラン238のような重い放射性核種は、放っておいてもひとりでに核が2つに分裂することがあり、そのときに中性子が飛び出してくる。これを中性子線といい、電気をもっていないので物質をとても通り抜けやすい。

エックス（X）線

ガンマ線と同じ高エネルギーの電磁波だが、エックス線は原子核の外から出てくる。電子が空間を飛んでいるとき、原子核の近くを通ったりして速度が変化すると、エネルギーの一部がエックス線として出てくる。

「放射能」のいろいろ

アルファ（α）崩壊

ウランやトリウムのようなとても重い原子が、アルファ線を出して別の原子になることをアルファ崩壊という。アルファ崩壊をすると、原子番号が2、質量数が4小さくなる。アルファ線が出るとき、多くの場合はガンマ線も出てくる。

ベータ（β）崩壊

ベータ崩壊には、①電子（マイナスの電荷）が放出されるベータ・マイナス崩壊（原子番号が1大きくなる）、②陽電子（プラスの電荷）が放出されるベータ・プラス崩壊（原子番号が1小さくなる）、③電子が原子核に取りこまれる内部転換（原子番号が1小さくなる）の3種類があり、質量数はいずれも変わらない。

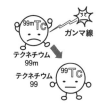

核異性体転移

原子番号も質量数も同じなのに、原子核の安定性が異なる2種類以上の核種があるとき、お互いを核異性体という。不安定な核異性体は m をつけて区別する。核異性体が余分なエネルギーをガンマ線で出して、別の核異性体に変わるのを核異性体転移という。

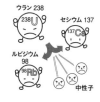

自発核分裂

外部からエネルギーを与えたり、中性子をぶつけたりしなくても、原子核がひとりでに2つに分裂することを自発核分裂といい、分裂した破片を核分裂生成物という。原子番号がとても大きい元素が自発核分裂を起こし、その際に高速の中性子が出てくる。

「放射性核種」のいろいろ

水素3（トリチウム）

もっとも軽い放射性核種で、半減期は12.3年。宇宙線が作りだしたトリチウムが体の中に含まれていて、涙1粒に数千個が含まれている。ベータ線を出すが、エネルギーがとても弱いので、水の中で0.001ミリメートルほどしか飛ばない。

炭素14

宇宙線が空気中の窒素にぶつかってできた放射性核種で、半減期は5730年。地上に舞い降りた炭素14を植物が取りこみ、食物連鎖で私たちの体に入ってくる。体重が60キログラムの人の体の中では、1秒間に約2500個の炭素14が崩壊している。

カリウム40

カリウムは生物が生きていくのに欠かせない元素（必須元素）。カリウム原子のうち、0.012％が放射性のカリウム40で、体重が60キログラムの人は0.014グラムのカリウム40が体内にある。そこから毎分約3万本のガンマ線が出て、体を突き抜けている。

ルビジウム87

ルビジウムは、ナトリウムやカリウムに似た性質をもち、天然のルビジウムのうち27.8％が放射性のルビジウム87。人体には約0.9グラムのルビジウム87が含まれ、カリウム40より多いが、半減期が490億年なので放射能はカリウム40より弱い。

ウラン238

ウランは天然でもっとも原子番号が大きい元素で、人の体には約0.1ミリグラムが含まれる。そのウランの中で、ウラン238は99.275％をしめていて、半減期は44億6千万年と長い。そのため、ウランから出る放射線より、ウランのもっている重金属としての毒性のほうが強い。

ラドン 222

ウラン 238 がアルファ崩壊をくり返してできる放射性核種。トリウム 232 からできるラドン 220 も放射性で、いずれもアルファ線を出す。建築材の土や岩石からラドンが放出され、家屋内のラドン濃度と肺がん発生の関係が注目されている。

鉛 214

空気中をただようラドン 222 が崩壊してできる。同じようにできるビスマス 214 とともに、雨で地面の近くに落ちてくるので、降雨があると放射線量が上がる。半減期が鉛 214 は 26.8 分、ビスマス 214 は 19.9 分と短いので、雨がやむと放射線量はすぐ下がる。

トリウム 232

天然に存在するトリウムのほとんどは、トリウム 232。半減期が 140 億年と長く、地球誕生当時にあったトリウム 232 のうち、85％が今も残っている。かつてエックス線診断にトリウムの造影剤が使われ、10 年以上たって白血病や骨腫瘍が多発した。

ストロンチウム 90

ウランが 100 個核分裂すると、約 6 個のストロンチウム 90 ができる。半減期は 28.7 で、運転中の原発にはストロンチウム 90 が大量にたまっている。カルシウムと似た性質で骨に集まり、ベータ線を出し続けて骨腫瘍などの原因になる。

ヨウ素 131

ウランが 100 個核分裂すると、約 4 個のヨウ素 131 ができる。ヨウ素は甲状腺ホルモンの材料なので、ヨウ素 131 も甲状腺に取りこまれて放射線を照射する。半減期が 8.04 日と短く、原発事故が起こった直後はヨウ素 131 の被ばくが問題になる。

セシウム 137

ウランが 100 個核分裂すると、約 6 個のセシウム 137 ができる。半減期は 30.0 年で、運転中の原発にはセシウム 137 も大量にたまっている。揮発性のため、原発事故が起こると環境に放出されやすい。ナトリウムやカリウムに似た性質をもっている。

テクネチウム 99m

テクネチウムの同位体はすべて放射性で、地球誕生時にあったテクネチウムはすべてなくなっている。テクネチウム 99m は、核異性体転移で透過力の強いガンマ線を出し、しかも半減期が 6.01 時間と短いので、病院の検査でよく使われる。

ラジウム 226

ラジウムはキュリー夫妻がウラン鉱石から発見した元素。粗末な実験室での苛酷な研究のため、2 人は大量の放射線を浴びた。ラジウム 226 は半減期が 1600 年で、その 1 グラムのもつ放射能がかつて、1 キュリー（Ci）という単位になっていた。

ポロニウム 210

キュリー夫妻がウラン鉱石から発見した、初めての放射性元素。マリー・キュリーの祖国ポーランドにちなんで名づけられた。ポロニウム 210 はアルファ崩壊し、半減期が 138.4 日で強い放射能をもっていて、体内に取りこまれると危険である。

プルトニウム 239

ウラン 238 に中性子をぶつけて核反応を起こして作られ、初めから戦争の道具として使われた。半減期が 2 万 4110 年と中途半端に長く、強い放射能がなかなか減らない。体内に取りこまれると非常に排せつされにくい。

用語集

　本書に出てくる用語の解説です。＊がついたものは、この用語集の中で説明しています。

ア行

アルファ線 アルファ崩壊＊の際に原子核＊から飛び出てくる粒子で、陽子＊2個と中性子＊2個からできている。

アルファ崩壊 原子核＊の放射性崩壊の一種で、アルファ線が放出される。アルファ崩壊によって原子番号＊が2、質量数＊が4だけ減る。

イオン 電気をもった原子＊または原子の集まり（原子団）が、1〜数個の電子＊を放出すると陽イオン、1〜数個の電子を受け取ると陰イオンになる。このようにしてイオンになることを、イオン化または電離＊という。

遺伝子 遺伝情報が書きこまれた構造の単位で、多くの生物はDNA＊の上に乗っている。

遺伝的障害 被ばく＊した人の子孫に現われる放射線障害。

エックス線 電離＊作用をもつ電磁波＊で、原子核＊の外から出てくるものをいう。レントゲンが発見。

親核種 放射性崩壊＊が起こる前の核種。

カ行

外部被ばく 体の外にある放射性核種＊から飛んでくる放射線＊で被ばく＊すること。

壊変 （⇒崩壊）

核異性体 原子番号＊と質量数＊が同じ原子核＊で、エネルギー状態が異なるもの。

核異性体転移 壊変＊の一種で、高いエネルギー状態の原子核＊がガンマ線＊を放出して、低いエネルギー状態になること。

核種 原子番号＊、質量数＊、原子核＊の安定性で決められる原子核の種類。

確定的影響 被ばく＊線量がしきい値＊を超えると急激に発生確率が増加してだれもが発症し、しきい値以下ではだれも発症しないような障害。被ばく線量が大きくなるにつれて症状が重くなる。

核反応 原子核*と他の素粒子*の衝突によって起こる現象。

核分裂 ウランやトリウムのような重い原子核*で起こる核反応*で、原子核が重さのそれほど違わない２つ以上の原子核に分裂すること。

確率的影響 しきい値*が存在しないと考えられ、どんなに低い被ばく*線量でもそれなりの確率で発症する障害。被ばく線量が大きくなるにつれて発生確率が増加し、症状の重さは被ばく線量とは関係しない。

価電子 原子*の中で、もっとも外側の電子殻*に入っている電子*。

間接効果 放射線*が細胞内で水などを分解して活性酸素やラジカルなどの非常に不安定な物質を作り、これがタンパク質やＤＮＡ*などに反応して変化を引き起こし、結果として細胞に損傷を与えること。

ガンマ線 放射線*の一種で、不安定な原子核*が、自分のもっている余分のエネルギーを電磁波*にわたして放り出したもの。

貴ガス ヘリウム、ネオン、アルゴンなど、価電子*が満杯になっているので化学的に安定で、他の原子*とほとんど反応しない元素。いずれも常温で気体（ガス）である。

軌道電子 原子核*のまわりの軌道を回っている電子*。

吸収線量 人体などの単位質量あたりに吸収される放射線*のエネルギーで、単位はグレイ*。

急性障害 （⇒早期障害）

グレイ 吸収線量*の単位。

原子 物質を構成する単位で、原子核*と電子*からできている。

原子核 陽子*と中性子*からできている複合粒子で、原子*の中心にあって、電子*とともに原子を構成している。

原子番号 原子核*の中の陽子*の数と、電子*の数は等しい。その数を原子番号といい、原子*の化学的な性質を決めている。

原子炉 核分裂*連鎖反応*を制御しながら続けさせることができるようにした装置。

光電効果 ガンマ線*が原子*に吸収されて消滅し、そのエネルギーを受け取った軌道電子*が外に放出される現象。光電効果で飛び出した電子を、光電子という。

個人線量計 個人が被ばく*した放射線*量を測定するための装置。

コンプトン効果 ガンマ線*が原子*にあたって軌道電子*を突き飛ばして放出させ、自分もエネルギーの一部を失って波長が長くなる現象。突き飛ばされた電子をコンプトン電子という。

自発核分裂 外から中性子*をぶつけることなく、ひとりでに起こる核分裂*。

サ行

しきい値 ある現象を引き起こす際の最小量。

実効線量 被ばく*が原因となった発がんの程度を一律に評価する被ばく線量として考案された尺度で、単位はシーベルト*。

実効半減期 体内に取りこまれた放射性核種*が、生物学的半減期*と物理的半減期*の両方によって半分に減るまでに要する時間。

質量数 原子核*の中の陽子*の数と中性子*の数の合計。

シーベルト 被ばく*線量の単位。等価線量*、線量当量*、実効線量*の単位はいずれもシーベルトである。

身体的障害 被ばく*した本人に現われる放射線*障害。

生物学的半減期 体内に取りこまれた放射性核種*が、生物学的排せつ作用だけによって半分に減るまでに要する時間。

線質係数 吸収線量*が同じでも、放射線*の種類やエネルギー（線質）によって影響が異なることがある。この影響の違いを数量的に表示するために使う係数を、線質係数という。

線量当量 実効線量*を体の中で直接測定することはできないので、その代用の測定可能な量となる尺度。放射線*の場所に係る強さを測定する周辺線量当量と、個人の被ばく*モニタリングに使用する個人線量当量がある。

早期障害 被ばく*後、数か月以内に症状が現れる放射線*障害。急性障害*ともいう。

素粒子 物質の構造は分子→原子*→原子核*→・・・と階層に分けることができ、原子核の次にくる陽子や中性子*などの粒子を、素粒子という。

逐次崩壊 ある原子*が放射線*を出して別の核種*になっても、その原子がまだ放射能*をもっていて、そのくり返しで崩壊*が延々と続いていくことを逐次崩壊といい、その際の崩壊の鎖を崩壊系列*という。

中性子 原子核*を構成する素粒子*の1つで、電気をもっていない。

直接効果 放射線*がタンパク質やＤＮＡ*などの重要な化合物に電離*や励起*を引き起こして破壊し、細胞に損傷を与えること。直接作用ともいう。

ＤＮＡ 遺伝子*の本体。ACGTの4文字が並んでいて、それをＤＮＡの配列という。

ＤＮＡ修復 ＤＮＡ*の損傷を、細胞に備わっている酵素が治すこと。

ＤＮＡ損傷 ＤＮＡ*の配列が放射線*、紫外線、化学物質などで変わってしまうこと。

電子 素粒子*の1つで、原子核*のまわりの軌道を回っていて、マイナスの電気をもっている。重さは陽子*や中性子*の約1800分の1と軽い。

電子殻 原子*の中で電子*が回っている、原子核のまわりの軌道。原子核に近い順に、K殻、L殻、M殻 … と名づけられ、それぞれ2個、8個、18個の電子が入ることができる。ある電子殻に、入ることのできる最大の電子が入った状態を、閉殻という。

電子捕獲 ベータ崩壊*の一種で、原子核*の電子*が放出されるかわりに、軌道電子*が原子核*に落ちていく現象。

電磁波 真空や物質中で電場と磁場が振動して、その振動が周囲に伝わっていく現象。

電離 原子核*のまわりを回っている電子*（軌道電子*）が原子*からもぎ取られること。

電離放射線 電離*作用をもつ放射線*。

同位体 同じ元素（同じ原子番号*）に属する原子*または原子核*で、中性子*の数が異なるために質量数*が異なるもの。放射能*をもつ同位体を、放射性同位体という。

等価線量 放射線*防護のために考案された人体の被ばく*線量を表す尺度で、単位はシーベルト*。

同重体 質量数*が同じで、原子番号*が異なる原子*または原子核*。

ナ行

内部被ばく 体の中にある放射性核種*から飛んでくる放射線*で被ばく*すること。

ニュートリノ 素粒子*の１つで、ベータ崩壊*の際に原子核*から飛び出してくる。

ハ行

半減期 放射性物質*の量が半分になるまでの時間で、物理的半減期ともいう。半減期がきて半分になった放射性物質は、次の半減期でさらにその半分になるのであって、ゼロになるわけではない。

晩発性障害 被ばく*後、数か月以上たってから現われる放射線*障害。

飛程 放射線*が物質の中で、運動エネルギーをすべて失うまでに飛ぶ距離。

比放射能 放射性同位体を含む物質の、１グラムあたりの放射能*の強さ。

被ばく 放射線*を浴びること。

物理的半減期 （⇒半減期）

閉殻 （⇒電子殻）

ベータ線 不安定な原子核*から放出される電子*の流れ。

ベータ崩壊 原子核*の放射性崩壊*の一種で、不安定な原子核*がベータ線*を出して別の原子*に変わる。ベータ崩壊には３種類あり、ベータ線が出てこないベータ崩壊もある。

ベータ・プラス崩壊 ベータ崩壊*の一種で、原子核*からプラスの電気をもった陽電子*が飛び出てくる。

ベータ・マイナス崩壊 ベータ崩壊*の一種で、原子核*からマイナスの電気をもった電子*が飛び出てくる。

ベクレル 放射能*の強さの単位。１秒間に原子核*が崩壊*する数を表す。

崩壊 放射性核種*が放射線*を放出して、別の核種*に変わること。

崩壊系列 逐次崩壊*で放射性物質*が変わっていく過程をまとめたもの。

放射化生成物 放射能*をもたない物質に中性子*を照射すると、原子核*と相互作用して放射化し、物質は放射能*をもつようになる。放射化した物質を放射化生成物、または誘導放射能*ともいう。

放射性核種 放射線*を出す核種*のこと。

放射性物質 放射線*を出す物質のこと。

放射線 高いエネルギーをもつ素粒子*や電磁波*の流れ。

放射線測定器 放射線*が存在しているか否か、放射線の種類や量、エネルギーを測定する装置。放射線測定は、放射線の量や質に関連した測定と、放射能*に関連した測定に大別できる。

放射能 ある原子*が、放っておいても自分で放射線*を出して、別の原子に変わってしまう性質をもつこと。

マ行

ミルキング 半減期*が長い親核種*から、半減期が短い娘核種*をくり返し分離・抽出する操作。親核種から娘核種を分離しても、娘核種は親核種から生成してくるので、娘核種の半減期の数倍の時間をおけば、何度でも分離・抽出できる。乳牛からミルクをしぼるのに似ているので、このようにいう。

娘 核種 放射性崩壊*が起こった後の核種*。

モニタリングポスト 吸収線量*率を測る装置で、単位はグレイ*毎時。

ヤ行

誘導放射能 （⇒放射化生成物）

陽子 原子核*を構成する素粒子*の１つで、プラスの電気をもつ。

陽電子 質量は電子*と同じだが、プラスの電気をもった素粒子*。

ラ行

励起 原子核*のまわりを回っている電子*（軌道電子*）が外に追い出されるところまでは行かず、内側の軌道から外側の軌道に押し上げられること。

連鎖反応 反応でできた生成物が次の反応に使われて、反応が連続して起こっていくこと。

序章
「ほうしゃせん」
って何？

1 「放射線」ってどんなもの?

陽子の数と中性子の数のバランスが悪いと、原子核は不安定な状態になります。不安定な原子核は安定になって落ちつきたいので、余分なエネルギーを放射線にして放り出します。

◎放射線は高エネルギーの粒の流れ

放射線は原子核の余分なエネルギーをもらっているので、高速で飛んでいます。放射線には、電気をもった粒(アルファ線、ベータ線)と光の粒(ガンマ線)がありますが、いずれもエネルギーをたくさんもった小さな粒の流れです【1】。

不安定な原子は、放射能を出して別の原子に変わります。この性質を、「放射能をもつ」といいます。余分なエネルギーを出して安定な原子になると、放射能はなくなります。

◎放射線を2つ以上出すものもある

放射線を1つ出してもまだ安定にならないので、もう1つ出す原子もあります【2】。それでも安定にならなくて、放射線を延々と出し続けていって、やっと安定になる原子もあります【3】。

◎放射線の出し方は、原子によって決まっている

不安定な原子が放射線を出す際、何が出るかは決まっています【4】。アルファ線とガンマ線だと、出てきた放射線のエネルギーの大きさを測ればどんな原子から出てきたかわかります。

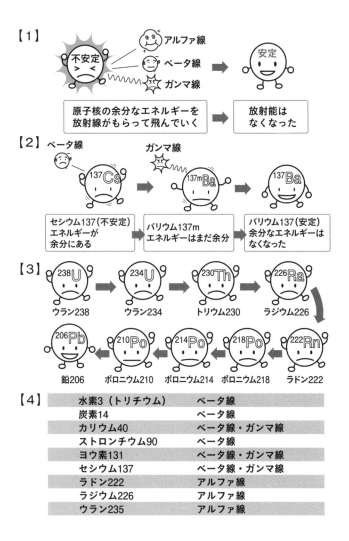

【1】

アルファ線
ベータ線
ガンマ線

不安定 → 安定

原子核の余分なエネルギーを
放射線がもらって飛んでいく
→ 放射能は
なくなった

【2】ベータ線

ガンマ線

137Cs → 137mBa → 137Ba

セシウム137（不安定）
エネルギーが
余分にある
→ バリウム137m
エネルギーはまだ余分
→ バリウム137（安定）
余分なエネルギーは
なくなった

【3】

238U → 234U → 230Th → 226Ra

ウラン238　ウラン234　トリウム230　ラジウム226

206Pb ← 210Po ← 214Po ← 218Po ← 222Rn

鉛206　ポロニウム210　ポロニウム214　ポロニウム218　ラドン222

【4】

水素3（トリチウム）	ベータ線
炭素14	ベータ線
カリウム40	ベータ線・ガンマ線
ストロンチウム90	ベータ線
ヨウ素131	ベータ線・ガンマ線
セシウム137	ベータ線・ガンマ線
ラドン222	アルファ線
ラジウム226	アルファ線
ウラン235	アルファ線

2 「放射線」「放射能」「放射性物質」の 違いって何?

> 放射線などをホタルでたとえてみると、「ホタルの光=放射線」「ホタル=放射性物質」「光を出す能力=放射能」です。ホタルが虫かごから逃げるのが、放射能もれにあたります。

◎ホタルの光=放射線

放射線は不安定な原子が、そのままだと落ちつかないので、余分なエネルギーを放り出す際に出てくるものです。ホタルでたとえてみると、ホタルの光が「放射線」にあたります。

◎ホタル=放射性物質

放射線を出す物質のことを、放射性物質といいます。ホタルでたとえると、光を出す物質であるホタルが、「放射性物質」ということになります。

◎光を出す能力=放射能

不安定な原子は、放っておいてもひとりでに放射線を出して、別な原子に変わってしまいます。このように、放射線を出す能力のことを「放射能」といいます。ホタルでたとえると、ホタルは光を出す能力があるので、ホタルは「放射能をもっている」ということになります。ホタルが虫かごから逃げ出すのが、「放射能もれ」です。

逃げ出したホタル
(放射能もれ)

ホタル
(放射性物質)

ホタルの光
(放射線)

光を出す能力
(放射能)

ホタルの光	=	放 射 線
ホ タ ル	=	放射性物質
光を出す能力	=	放 射 能
ホタルが逃げた	=	放射能もれ

3 放射線ってどこに飛んでいるの？

放射線は目に見えず、においも味もないので、身のまわりにはないような気がします。ところが専用の測定器を使うと、空からも土からも、あなたの体からも出ているのがわかります。

◎宇宙から飛んでくる

私たちが地球で暮らしているのは、太陽のおかげですね。その太陽からは、光や熱とともに放射線も飛んできています。星が大爆発（超新星爆発）を起こした際に飛び出した、超高エネルギーの放射線も宇宙を飛んでいて、地球にも降り注いでいます。これらを宇宙線といい、高いところを飛ぶ飛行機の乗務員や宇宙飛行士は、宇宙線から身を守る必要があります【1】。

◎地面や空気からも飛んでくる

私たちの足元からも放射線が飛んできます。地下のウランやトリウム、カリウム40などから飛んでくる放射線で、地球を温める熱源にもなっています【2】。地面からラドンが空気中に染み出していて、雨が降るとそれらからの放射線の量も増えます。

◎体の中から飛んでくる

私たちの体の中には、食べ物や空気から取りこんだ放射性物質もあって、そこから絶えず放射線が飛び出しています。

こうした放射線を合計すると、日本人は平均して1年で2.10ミリシーベルト浴びています【3】。

【1】

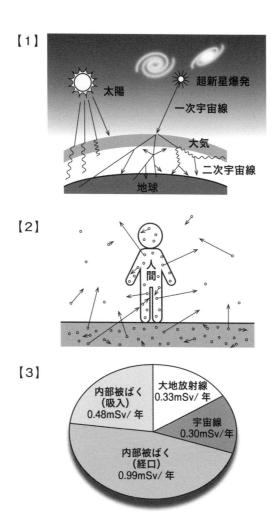

【2】

【3】

4 放射線ってどうすればわかるの?

放射線は目に見えませんが、測定器を使えばまわりにどのくら
い飛んでいるのかわかります。高さを変えて測れば、原発から
飛んできた放射性物質があるかないかもわかります。

◎放射線測定器で身のまわりの放射線を測る

私たちの身のまわりには自然の放射線が飛んでいて、小型の放
射線測定器があれば簡単に測定することができます。原発事故で
まき散らされた放射性物質から出る放射線は、自然の放射線とは
環境での分布などが違うので、測定器をじょうずに使えば、それ
があるかないかや、どれくらいあるのかもわかります。

◎放射線測定器で測定できる放射線

放射線測定器で測れるのは、宇宙から飛んできた放射線と大地
や建物から飛んできた放射線で、いずれもガンマ線です。ガンマ
線は遠くまで飛ぶので、測定器には何十〜何百メートルも離れた
ところからのガンマ線も入ってきます。

◎高さを変えて測れば原発からの放射性物質がわかる

地中の放射性物質は一様に分布しているので、地面からの高さ
を変えても測定値は変わりません。一方、原発事故で飛んできた
放射性物質は地表近くに降り積もっているので、測定器の高さを
上げるにつれて測定値は下がっていきます。1メートルと30セン
チメートルで測って違いがあれば、原発からの放射性物質がある
可能性があります。

放射線測定器で測る放射線

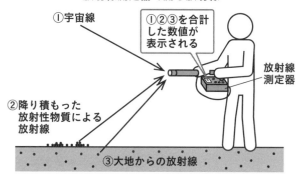

①宇宙線

①②③を合計した数値が表示される

放射線測定器

②降り積もった放射性物質による放射線

③大地からの放射線

地表からの高さを変えて測定

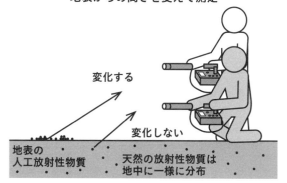

変化する

変化しない

地表の人工放射性物質

天然の放射性物質は地中に一様に分布

高さによって計測値が変化
➡ 降り積もった放射性物質がある

5 放射線ってどこで活用されているの?

放射線には、物質を通り抜けたり、物質に電離や励起を起こさせたり、熱を出したりする性質があります。そのため放射線は、科学や医療・工業・農業などいろいろな分野で使われています。

放射線はいろいろな物質を通り抜ける

病気を調べる

エックス線撮影
CT検査・RI検査
PET検査

物を壊さずに中を見る

非破壊検査
建物・手荷物検査
文化財・火山

いろいろな物を測る

タンクの液面
紙の厚さ
土の密度
コークスの水分量

放射性物質を"目印"にする

物質の
動きを見る

トレーサー（追跡子）
化学・生物学・農学などでの利用
RI検査・PET検査

放射性物質が崩壊するときに出る熱を利用

熱源、電源
として使う

宇宙探査機

放射線が物質にエネルギーを与えて電離・励起を起こす

病気を治す

がんの放射線治療
集中的にねらう
深いところも治療
放射線源を埋める

農業での利用

害虫の駆除
ゴーヤー・マンゴー
品種改良
麦・トウモロコシ・菊
食品の保存
ジャガイモの芽止め

物の性質を変化させる

高分子化合物の加工
花粉症用マスク
ラジアルタイヤ
インクの潤滑剤

いらない物を分解する

排煙の大気汚染
物質を分解

危険物を低毒性に

第1章
放射線と放射能の
きほんを学ぼう

1 「原子」と「原子核」ってどんなもの?

放射線のお話に入る前に、原子と原子核の構造についておさらいしておきましょう。放射線のことを理解するために、これらの構造を知ることがとても大事だからです。

◎原子の中心に原子核があり、まわりを電子が回っている

私たちの体は、水やタンパク質などのいろいろな材料からできています。こうした材料を「物質」といいますが、物質は「原子」というとても小さい粒からできています。原子はたった100種類あまりしかなくて、原子の種類のことを「元素」といいます。

ナトリウムを例にして、原子の構造についてご説明します。ナトリウムは食塩(塩化ナトリウム)に含まれていますね。

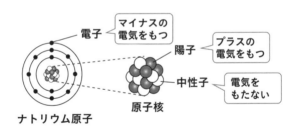

　原子は、中心に原子核があって、そのまわりを電子が回っています。原子核は、＋の電気をもつ陽子と、電気をもたない中性子からできています。陽子 1 個あたりの電気は 1 ＋です。原子核に含まれる陽子の数は、元素によって決まっていて、その数を原子番号といいます。ナトリウムの原子核には陽子が11個あるので、ナトリウムの原子番号は11ということになります。

　原子核のまわりを回っている電子は、－の電気をもっています。電子 1 個あたりの電気は 1 －です。原子核の陽子の数と、まわりを回っている電子の数は同じなので、＋と－が相殺されて原子全体では電気はゼロになっています。

◎原子の中には電子が規則的に詰まっている

　原子核のまわりで電子は、好き勝手に動き回っているわけではなくて、電子殻という軌道の上を回っています。

　電子殻は、原子核に近いほうから順に K 殻、L 殻、M 殻……と名前がついていて、それぞれの電子殻に入ることができる電子の数は 2 個、8 個、18個……と決まっています。

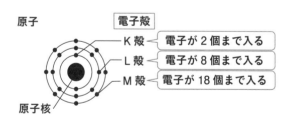

電子は、電子殻の内側から順に入っていき、K殻に2個の電子が入ると、次はL殻に8個の電子が入り……となっていきます。このような電子の入り方を電子配置といい、下の図は原子番号が1の水素から、18のアルゴンまでの電子配置を示しています。

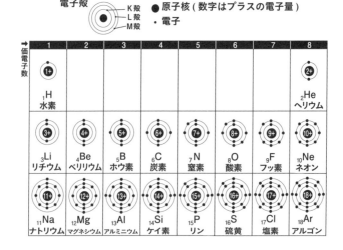

◎原子の化学的性質は価電子で決まっている

　原子には、ほかの原子との結合のしやすさとか、結合のしかたといった化学的性質があります。こういった化学的性質は、一番外側の電子殻に入っている電子の数（価電子）によって決まっています。

　上の図で、右端の列の3つの元素（ヘリウム、ネオン、アルゴン）は、一番外側の電子殻に電子が満杯に詰まっています。これ

ら 3 つの元素はいずれも常温で気体（ガス）であり、ほかの原子と反応することがほとんどないので、貴ガスといいます。**貴ガスが反応しにくいのは、一番外側の電子殻が電子で埋まっているので、原子 1 つだけの状態で安定して存在できるから**です。

　貴ガス以外の原子は、電子を放出したり受け取ったりして、安定した電子配置になろうとする傾向があります。たとえば、ナトリウムは価電子が 1 なので、これを放出すれば、ネオンと同じ電子配置になります。そうすると、原子核の陽子の数より電子の数が 1 個少なくなるので、プラスの電気をもった陽イオンになります[*1]。

　一方、塩素原子は価電子が 7 です。そのため、電子を 1 つ受け取ればアルゴンと同じ電子配置になります。そうすると、原子核の陽子の数より電子の数が 1 個多くなるので、マイナスの電気をもった陰イオンになります。

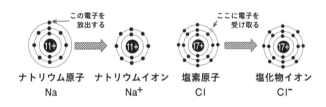

この電子を放出する　　　　ここに電子を受け取る

ナトリウム原子　ナトリウムイオン　塩素原子　塩化物イオン
Na　　　　　　　Na$^+$　　　　　　Cl　　　　　Cl$^-$

◎価電子の数が同じ原子どうしは、化学的性質が似ている

　もう一度、38 ページの電子配置の図を見てみましょう。それぞれの列の一番上に価電子の数が書いてありますが、価電子 1 のリチウムとナトリウム、価電子 7 のフッ素と塩素は、それぞれ化学的性質がとても似ています。

　＊1　イオンは、電子をもった原子または原子の集まり。原子または原子の集まりが、1 個から数個の電子を放出すると陽イオン、1 個から数個の電子を受け取ると陰イオンになる。

リチウムは価電子が1なので、電子を1個放出すればヘリウムと同じ電子配置になります。そうすると、ナトリウムと同じ1＋の電気をもった陽イオンになります。一方、フッ素原子は価電子が7なので、電子を1つ受け取ればネオンと同じ電子配置になります。そうすると、塩素と同じように1－の電気をもった陰イオンになります。このようにして、価電子の数が同じ原子どうしは化学的性質が似てくるのです（42ページ「元素の周期表」を参照）。

　このことは、ぜひ覚えておいてください。後ほど、「ストロンチウムはカルシウムと化学的性質が似ているので、骨に蓄積する」といったことをご説明しますが、「価電子の数が同じ原子どうしは、化学的性質が似ている」が、そのことを理解するカギになります。

◎放射性か放射性でないかは、原子核の安定性で決まる

　原子の化学的性質は価電子、すなわち、一番外側の電子殻に入っている電子の数で決まっているのでした。それでは、ある原子が放射能をもっているのか、それとももっていないのかという性質は、何によって決まるのでしょうか。

　先ほどお話ししたナトリウムは、原子核に陽子が11個あります。食塩に含まれているナトリウムは、原子核に中性子が12個あるので、陽子と中性子の数を合計すると23個になります。**原子核の陽子と中性子の数を合計した数字を質量数**といい、陽子11個・中性子12個のナトリウムはナトリウム23といいます。

　ナトリウムには中性子が11個と13個のものもあって、それぞれナトリウム22とナトリウム24といいます。このように、**原子番号が同じで質量数が異なる原子どうしを同位体**といいます。

　ナトリウムの同位体のうち、ナトリウム23はいつまでたっても
ナトリウム23のままです。このように、いつまでも同じままの原
子核を、安定といいます。ところが、ナトリウム22とナトリウム
24は、ひとりでに別の原子に変わってしまい（不安定）、その際
に放射線が飛び出してきます。このように、**原子核が不安定で、
ひとりでに放射線を出す性質を、放射能といいます。**

　下の図は、3つのナトリウム同位体の陽子、中性子、電子の数
を示したものです。電子の数はみな同じなのに、安定な原子と不
安定な原子があります。ということは、**原子が安定か不安定かに、
電子は関係がないことがわかります。**原子核が安定か不安定か
は、**陽子の数と中性子の数のバランスで決まります。中性子が多
すぎても少なすぎても、原子核は不安定になってしまうのです。**

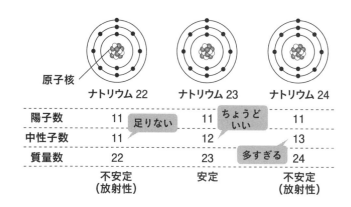

	ナトリウム 22		ナトリウム 23		ナトリウム 24
陽子数	11	足りない	11	ちょうどいい	11
中性子数	11		12		13
質量数	22		23	多すぎる	24
	不安定 （放射性）		安定		不安定 （放射性）

原子核

元素の周期表

I	2	3	4	5	6	7	8	9

| I
H
水素 | | | | | | | | |

凡例

| **Tc**
テクネチウム | 同位体がすべて
放射性の元素 |

| 3
Li
リチウム | 4
Be
ベリリウム |

| 11
Na
ナトリウム | 12
Mg
マグネシウム |

19 **K** カリウム	20 **Ca** カルシウム	21 **Sc** スカンジウム	22 **Ti** チタン	23 **V** バナジウム	24 **Cr** クロム	25 **Mn** マンガン	26 **Fe** 鉄	27 **Co** コバルト
37 **Rb** ルビジウム	38 **Sr** ストロンチウム	39 **Y** イットリウム	40 **Zr** ジルコニウム	41 **Nb** ニオブ	42 **Mo** モリブデン	43 **Tc** テクネチウム	44 **Ru** ルテニウム	45 **Rh** ロジウム
55 **Cs** セシウム	56 **Ba** バリウム	57〜71 ランタ ノイド	72 **Hf** ハフニウム	73 **Ta** タンタル	74 **W** タングステン	75 **Re** レニウム	76 **Os** オスミウム	77 **Ir** イリジウム
87 **Fr** フランシウム	88 **Ra** ラジウム	89〜103 アクチ ノイド	104 **Rf** ラザフォルジウム	105 **Db** ドブニウム	106 **Sg** シーボーギウム	107 **Bh** ボーリウム	108 **Hs** ハッシウム	109 **Mt** マイトネリウム

ランタ ノイド	57 **La** ランタン	58 **Ce** セリウム	59 **Pr** プラセオジム	60 **Nd** ネオジム	61 **Pm** プロメチウム	62 **Sm** サマリウム
アクチ ノイド	89 **Ac** アクチニウム	90 **Th** トリウム	91 **Pa** プロトアクチニウム	92 **U** ウラン	93 **Np** ネプツニウム	94 **Pu** プルトニウム

10	11	12	13	14	15	16	17	18
								2 **He** ヘリウム
			5 **B** ホウ素	6 **C** 炭素	7 **N** 窒素	8 **O** 酸素	9 **F** フッ素	10 **Ne** ネオン
			13 **Al** アルミニウム	14 **Si** ケイ素	15 **P** リン	16 **S** 硫黄	17 **Cl** 塩素	18 **Ar** アルゴン
28 **Ni** ニッケル	29 **Cu** 銅	30 **Zn** 亜鉛	31 **Ga** ガリウム	32 **Ge** ゲルマニウム	33 **As** ヒ素	34 **Se** セレン	35 **Br** 臭素	36 **Kr** クリプトン
46 **Pd** パラジウム	47 **Ag** 銀	48 **Cd** カドミウム	49 **In** インジウム	50 **Sn** スズ	51 **Sb** アンチモン	52 **Te** テルル	53 **I** ヨウ素	54 **Xe** キセノン
78 **Pt** 白金	79 **Au** 金	80 **Hg** 水銀	81 **Tl** タリウム	82 **Pb** 鉛	83 **Bi** ビスマス	84 **Po** ポロニウム	85 **At** アスタチン	86 **Rn** ラドン
110 **Ds** ダームスタチウム	111 **Rg** レントゲニウム	112 **Cn** コペルニシウム	113 **Nh** ニホニウム	114 **Fl** フレロビウム	115 **Mc** モスコビウム	116 **Lv** リバモリウム	117 **Ts** テネシン	118 **Og** オガネソン

63	64	65	66	67	68	69	70	71
Eu ユウロビウム	**Gd** ガドリニウム	**Tb** テルビウム	**Dy** ジスプロシウム	**Ho** ホルミウム	**Er** エルビウム	**Tm** ツリウム	**Yb** イッテルビウム	**Lu** ルテチウム

95	96	97	98	99	100	101	102	103
Am アメリシウム	**Cm** キュリウム	**Bk** バークリウム	**Cf** カリホルニウム	**Es** アインスタイニウム	**Fm** フェルミウム	**Md** メンデレビウム	**No** ノーベリウム	**Lr** ローレンシウム

2 放射線ってどんなふうに飛んでいるの?

不安定な原子核は、余分なエネルギーを放射線で外に放り出します。そのエネルギーは粒子や電磁波として原子核から出てきて、その違いによって放射線にはいろいろな種類があります。

◎余分なエネルギーを乗せて外に出ていく

原子核が安定か不安定かは陽子の数と中性子の数のバランスで決まり、中性子が多すぎても少なすぎても、原子核は不安定になってしまうことをお話ししました。 原子核が不安定というのは、エネルギーがあり余っている状態をいいます。不安定な原子核はそのままでいるのは落ちつかないので、余分なエネルギーを外に放り出して、安定な原子核になって落ちつこうとします。

不安定な原子核が安定な原子核に変わる際に、余分なエネルギーを乗せて外に出ていくのが、放射線です。放射線にはいろいろな種類があり、大きく分けると粒子（アルファ線、ベータ線）と電磁波（ガンマ線）があります。

◎アルファ線《プラスの電気をもった重い粒子》

アルファ線は、ウランやラジウムなどの重い原子核[*1]が崩壊するときに出てくる放射線です。陽子2個と中性子2個のかたまりで、ヘリウム4の原子核そのものです[*2]。陽

アルファ線は、陽子2個と
中性子2個の粒子

[*1] 周期表で下のほうに位置するウランやラジウムは、周期表の上のほうに位置する元素よりも陽子や中性子の数が多いので、原子核が重い。

[*2] 陽子2個と中性子2個の粒子が原子核以外から出てくる場合、ヘリウム線と呼んで、アルファ線とは区別している。

子2個が含まれているので、2＋の電気をもっています。陽子と中性子の質量はほぼ同じで、いずれも電子の1840倍ほどあります。このように、アルファ線はプラスの電気をもっていて、とても重いのが特徴です。

　プラスの電気をもっているので、飛んでいく途中でまわりの原子と相互作用をして、電離や励起*3をくり返しながらエネルギーを失っていきます。**アルファ線の飛ぶ距離（飛程）は短く、空気中は2～3センチメートル、体の中ではその1000分の1ほどしか飛びません。**

　右の図は、アルファ線の飛び方を示したものです。アルファ線は重いので真っすぐに突き進んでいき、ほとんどが最大飛程の近くまで飛んでいって、そこで突然止まります。**止まる際に、大きなエネルギーを周辺の物質に集中して与えるので、体の中をアルファ線が飛ぶと細胞の中の物質を壊して、大きなダメージを与えます。**

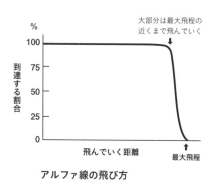

大部分は最大飛程の近くまで飛んでいく

％

到達する割合

100

75

50

25

0

飛んでいく距離　　　　最大飛程

アルファ線の飛び方

　アルファ線は、体の外で飛んでいても紙1枚で止まるので問題がありません。一方、アルファ線が体の中で出されると、せまい範囲に大きなダメージを与えます。そのため、**アルファ線を出す放射性核種は体の中に入れないことが大事です。**

＊3　原子核のまわりを回っている電子が、原子から引きはがされることを電離、外には追い出されずに内側の軌道から外側の軌道に押し上げられることを励起という。

◎ベータ線《原子核から飛び出してくる電子》

ベータ線は、原子核から飛び出してくる電子です[*4]。不安定な原子核から余分なエネルギーを受け取っているので、ものすごい勢いで飛んでいます。

● ベータ線

原子核から飛び出す電子

ベータ線のもっているエネルギーは、同じ種類の原子核から出てきても、1つひとつで違っています[*5]。このことがアルファ線やガンマ線と違っています。ベータ線のエネルギーを調べて

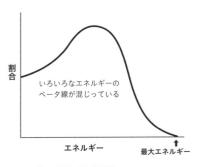

割合

いろいろなエネルギーのベータ線が混じっている

エネルギー　　　　　　最大エネルギー

原子核から飛び出す電子

みると、上図のようにいろいろなエネルギーのものが混じっています。

ベータ線の質量は、アルファ線の7300分の1ほどです。軽くてマイナスの電気をもつので、物質の中を飛んでいると、まわりの原子核によって進路が大きく曲げられます。そのためベータ線の飛び方は、千鳥足のようにふらふらとしていて、1つずつ飛び方が違っています（右の図）。

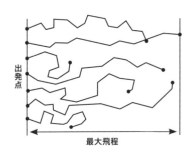

出発点

最大飛程

＊4　原子核以外から出てくる電子は電子線と呼んで、ベータ線と区別している
＊5　同じ種類の原子核から出てきても放射線1つずつでエネルギーが違うものを、連続エネルギー・スペクトルという。一方、エネルギーが1つに決まっているものは、線エネルギー・スペクトルという。

　ベータ線の飛び方は1つずつ違いますから、たとえばカリウム40とセシウム137からベータ線が混じって飛んでいても、**目の前を通りすぎたベータ線がどちらから出たのかは区別できません。**

　体の外からベータ線が飛んできても、皮膚で止まるのであまり心配はありません。しかし体の中だと、アルファ線ほどではありませんが細胞にダメージを与えてしまいます。

◎ガンマ線《原子核のエネルギーをもらった電磁波》

ガンマ線は不安定な原子核から、余分なエネルギーをもらって飛び出してきた電磁波（光の粒子）です[6]。

ガンマ線は電気をもっていないので、原子に引き寄せられたりはね返されたりせず、物質の中を飛んでいてもなかなか止まりません。**ガンマ線は空気中だと、エネルギーがなくなるまで何キロメートルも直線的に飛んでいくものがあります。**ガンマ線をさえぎる（遮蔽する）には、鉛や厚いコンクリートが必要です。

　アルファ線とベータ線は体の外から飛んできても皮膚で止まってしまいますが、ガンマ線は皮膚を突き抜けて体の奥まで入ってきます。そのため、**ガンマ線が多く飛んでいる環境では、それを遮蔽することが必要になります。**一方、体の中で発生するガンマ線は体を突き抜けてしまうので、あまりダメージを与えません。

＊6　原子核以外から飛び出てきた電磁波はエックス線と呼んで、ガンマ線と区別している。

3 電子レンジも放射線を出すの?

ガンマ線やエックス線は電磁波(光の粒子)でしたね。電磁波には太陽の光(可視光線)や電子レンジのマイクロ波、電気ストーブの赤外線なども含まれます。では、これらも放射線なのでしょうか。

◎波長が短いほどエネルギーが大きい

下の図はいろいろな電磁波と、その波長を示しています。電磁波はいずれも光の粒子で、それが空間を波として伝わっていくものです。電磁波は波ですから、波長と振動数があります。波長は1回の振動のあいだに進む距離、振動数は1秒間に振動が何回くり返されるかを表します。

波長(m)

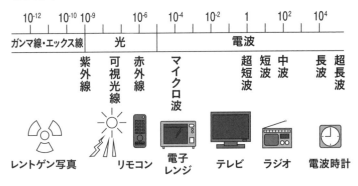

波長が短い
➡エネルギーが大きい

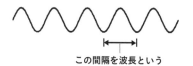

波長が長い
➡エネルギーが小さい

この間隔を波長という

　光のエネルギーは振動数に正比例する、ということが知られています。また、波長×振動数は、電磁波が1秒間で進む距離（と速さ）を表しますが、光の速度は真空中では秒速約30万キロメートルで一定です。このことは、波長と振動数は反比例する、ということを意味します。これらをまとめると、**波長の短い電磁波ほど光のエネルギーが大きい**ということになります。

　前のページの図には、それぞれの電磁波の波長が書いてあります。左ほど波長は短く、右ほど長くなっていますね。すなわち、左ほどエネルギーが大きく、右ほどエネルギーが小さい、ということになります。

◎「電離できるか・できないか」が放射線かどうかを分ける

　ガンマ線やエックス線が物質にあたると、原子から電子が飛び出してきて、この電子を二次電子といいます。可視光線も原子に作用して、二次電子を飛び出させることがあります。この**二次電子が別の原子にぶつかったときに、その相手を電離させるか電離**

させないかで、放射線かそうでないかが分けられます。

　電離は、ガンマ線やエックス線が原子にぶつかった際に、原子核のまわりを回っている電子（軌道電子）が、原子の外に追い出される現象です。一方、軌道電子が追い出されるところまではいかず、内側の軌道から外側の軌道に押し上げられることもあり、これを励起といいます。**放射線が人体に影響を与えるのは、細胞の中で電離や励起が起こるからです。**

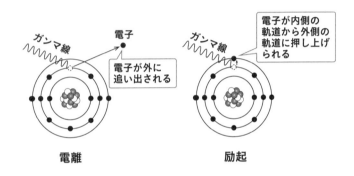

電離　　　　　　　　　　　　励起

◎太陽の光や電子レンジのマイクロ波は放射線ではない

　ガンマ線が物質にあたると、原子に作用して軌道電子が飛び出してきます（二次電子）。飛び出してきた二次電子は、飛んでいく方向でさらに原子に作用して、軌道電子を飛び出させます。電子はマイナスの電気をもっているので、他の原子の軌道電子がもっているマイナスの電気と反発しあって、これを飛び出させるのです（次ページの図）。

　二次電子がさらに電離を誘発できるものを、電離放射線といいます。ガンマ線やエックス線は、電離放射線です。

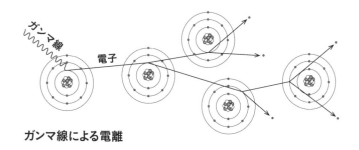

ガンマ線による電離

　太陽の光（可視光線）も、原子に作用して軌道電子を飛び出さ
せることがあります。ところが、このときに飛び出してきた二次電
子は、飛んでいく方向でさらに原子に作用して、軌道を回ってい
る電子を飛び出させることはできません。二次電子のエネルギー
が小さいからです。

　**二次電子が電離を誘発できないものを、非電離放射線といいま
す。** もともと放射線という用語は、電離放射線と非電離放射線の
両方を含んでいるのですが、ほとんどの場合は電離放射線だけが
放射線と呼ばれています。

　波長がとても短い電磁波は、エネルギーがとても大きいので、
二次電子も電離を誘発できます（放射線）。一方、それ以外の電
磁波はエネルギーが大きくないので、二次電子は電離を誘発でき
ません（放射線ではない）。ですから、**太陽の光（可視光線）や
電子レンジのマイクロ波、電気ストーブの赤外線は、放射線では
ない**ということになります。

4 「放射能」ってどんなもの？

> 放射能（放射線を出す能力）にはいろいろな種類があって、原子核の余分なエネルギーの放り出し方がそれぞれ違い、出てくる放射線もいろいろあります。

　放射線を出す能力を放射能といい、放射能にはいくつかの種類があります。ここでは、そのお話をしましょう。

◎重い原子がアルファ線を出す《アルファ崩壊》

　ウランやトリウムのような<mark>とても重い原子が、アルファ線を出して別の原子になることをアルファ崩壊といいます。</mark>

　アルファ線は、陽子2個と中性子2個のかたまりでしたね。原子核からアルファ線が出てくると、もとの原子よりも原子番号が2、質量数が4小さくなります。たとえばトリウム232がアルファ崩壊すると、ラジウム228になります。

　<mark>とても重い原子は、アルファ線を1個放り出してもまだ不安定なので、さらにアルファ崩壊が続いていきます。</mark>ウラン238だと、次のように延々とアルファ崩壊をくり返して、最後の鉛206でやっと安定になり、放射線を出さなくなります。

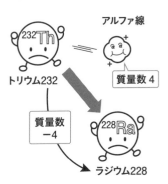

アルファ線

トリウム232

質量数4

質量数
－4

ラジウム228

　このような放射性核種が体の中に入ってしまうと、体内で次々
と放射線を出すため、とてもやっかいなことになります。

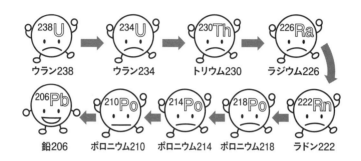

　ウラン238　　ウラン234　　トリウム230　　ラジウム226

　鉛206　　ポロニウム210　ポロニウム214　ポロニウム218　ラドン222

◎原子核から電子を放り出す《ベータ崩壊》

　不安定な原子が、原子核からベータ線（電子）を出して別の原
子に変わることをベータ崩壊といい、３種類があります。

①ベータ・マイナス崩壊（電子が飛び出てくる）

　１つめはベータ・マイナス崩
壊で、マイナスの電気をもった
普通の電子が飛び出てきます。
ベータ・マイナス崩壊では、原
子核の陽子が１つ増えて中性子
が１つ減るので、結果として原
子番号が１つ大きくなり、質量
数は変わりません。

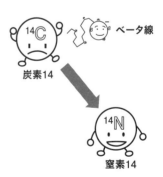

ベータ線

炭素14

窒素14

　ところで、ベータ崩壊で出て

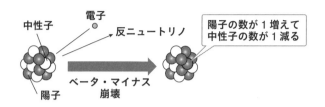

中性子

電子

反ニュートリノ

陽子

ベータ・マイナス
崩壊

陽子の数が 1 増えて
中性子の数が 1 減る

きた電子は、1 つひとつエネルギーが違っていましたね。ベータ・
マイナス崩壊でこの現象が見つかったときは、物理学者を悩ませ
る大変な問題になりました。これを大砲から弾丸を打つことにた
とえて説明しましょう。

　大砲から弾丸を打つとき、火薬の爆発で生じるエネルギーは一
定です。大砲も爆発の反動を受けますが、大砲と弾丸でエネル
ギーが配分される割合は決まっているので、弾丸がどのように飛
んでいくのかは予測できます。ところがベータ・マイナス崩壊で
は、大砲に弾丸をこめて火薬に点火したら、弾丸ではなくて大砲
が飛んでいってしまった、という現象が起こっていたのです。

　こんなことが起こったのは、**ベータ・マイナス崩壊でニュー
トリノ**[*1]**という素粒子も一緒に原子核から飛び出していたから**で
す。ベータ・マイナス崩壊で原子核からもち出されたエネルギー
が、電子とニュートリノがてんでばらばらに受けもったので、1
つひとつのベータ線のエネルギーが違ったのです。

②ベータ・プラス崩壊（陽電子が飛び出てくる）

2 つめはベータ・プラス崩壊で、プラスの電気をもつ陽電子[*2]

---

*1　ニュートリノは電気をもたない小さな素粒子で、他の物質とほとんど反応しない。
　　反ニュートリノは、ニュートリノとスピン（角運動量）だけが違って、あとの性質
　　はまったく同じ粒子である。このような粒子を反粒子という。

*2　陽電子はプラスの電気をもっていて、他の性質は電子とまったく同じである。すな
　　わち、陽電子は電子の反粒子である。

が出てきます。ベータ・プラス崩壊では、原子核の陽子が１つ減って中性子が１つ増えるので、結果として原子番号が１つ小さくなり、質量数は変わりません。

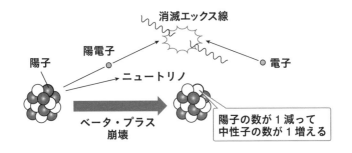

陽電子は飛びながら電離や励起をくり返して、エネルギーを失っていきます。まわりには電子がたくさんあるので、陽電子はそのうちの電子の１つと結びついて２本のエックス線[*3]を出して消えてしまいます。この現象を対消滅といいます。

③電子捕獲（ベータ崩壊なのに電子は飛び出さない）

３つめは電子捕獲で、電子を放出するかわりに、軌道電子の１つが原子核に落ちていきます。電子捕獲では、原子核の陽子が１つ減って中性子が１つ増えるので、結果として原子番号が１つ小さくなり、質量数は変わりません。軌道電子が原子核に捕獲されると、原子核内の陽子と電子が結びついて中性子とニュートリノが作られ、ニュートリノが飛び出してきます。

＊３　このエックス線を、消滅エックス線という。

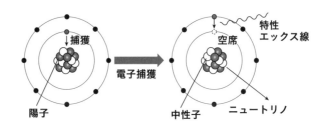

電子捕獲が起こると、軌道電子があったところが空席になります。すると、外側の軌道を回っている電子が落ちてきて空席を埋め、外側と内側の電子軌道のエネルギーの差がエックス線として出てきます。このエックス線を特性エックス線といいます。

電子捕獲が起こってもベータ線は出てきません。それなのに、なぜ電子捕獲が起こったとわかるのでしょうか。それは電子捕獲が起こると、ただちに特性エックス線が出てくるからです。

◎ガンマ線を出して安定になる《核異性体転移》

次にガンマ線がどのようにして出てくるのかお話しします。

原子番号も質量数も同じなのに、原子核の安定性が異なる2種類以上の核種がある場合、お互いを核異性体といいます。

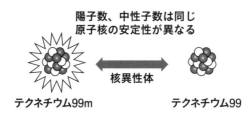

核異性体転移は、余分なエネルギーをもっている核異性体が、ガンマ線を出して別の核異性体に変わる現象です。病院の検査でよく使われるテクネチウム99m[*4]は、核異性体転移のガンマ線を利用しています。

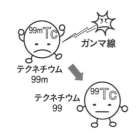

◎原子核がひとりでに2つに分裂する《自発核分裂》

　ここまで、不安定な原子核からエネルギーをもらって放射線が飛び出してくる現象について、3種類を説明してきました。4つめは、不安定な原子核そのものが2つに割れてしまう現象です。

　原子力発電所の原子炉では、ウランなどの原子核に中性子をぶつけて、原子核が2つに分裂する現象が起こっています。これを核分裂といいます。ところが、**中性子をぶつけたりしなくても、原子核が勝手に2つに分裂する現象も起こります。これを自発核分裂といい、分裂した破片は核分裂生成物といいます。**自発核分裂の際に

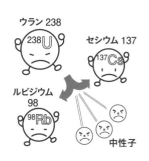

は、高速の中性子も飛び出してきます。

　ウランのような重い原子が2つに割れて小さくなれば、アルファ崩壊を続けるよりも手っ取り早く安定になれます。破片はちょうど半分ずつではなく、一方がちょっと大きめになります。

　＊4　核異性体のうち、不安定な核異性体のほうに「m」をつけて区別している。テクネチウム99mは、核異性体転移で透過力の強いガンマ線を出し、しかも半減期が6.01時間と短いので、病院の検査でよく使われる。

5 放射能はどのくらいでなくなるの?

放射能は、原子が放射線を出す能力をもっていることでした。
それでは、この放射能をもっている原子は、ずっと放射能をもっ
たままなのでしょうか。

◎安定な原子になったら放射能はなくなっている

ここに不安定な原子が1つだけあるとします。この原子が放射
線を出して安定な原子になると、もう放射線は出さなくなりま
す。つまり、放射能はなくなったということです。ですから、「放
射能をもっている原子は、ずっと放射能をもったまま」ではなく
て、原子が放射線を出して安定になったら、その原子にもう放射
能はないのです。

◎放射能をもつ原子が半分になる時間が半減期

それでは、不安定な原子が1つだけあったら、その原子がいつ
放射線を出すのかわかるでしょうか。実は、それはだれにもわか
りません。わかるのは、不安定な原子がたとえば100個あった場
合に、その原子が半分の50個になるまでの時間です。この時間、
すなわち放射能をもつ原子が半分になる時間を、半減期といいま
す。

次のページの図でご説明しましょう。

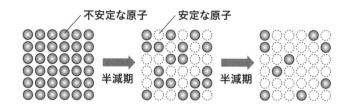

　一番左に、不安定な原子が36個あります。10日たったら、18個が放射線を出して安定になり、不安定な原子は半分の18個になっていたとします。すると、10日という時間が半減期になります。

　それでは、さらに半減期の10日がたつと、18個の不安定な原子はゼロになるのでしょうか。そうではなくて、18個の不安定な原子のうち、9個が放射線を出して安定な原子になり、9個の不安定な原子が残るのです。

　これを図にすると、右のようになります。はじめは1あった不安定な原子の数（放射能）は、半減期がくると半分の原子が安定に変わって

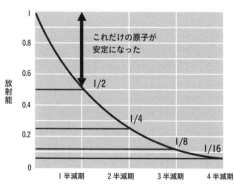

いて、不安定な原子は半分に減っています。次の半減期がくると、残っていた不安定な原子の半分が安定な原子に変わって、残った不安定な原子は半分になります。最初にあった不安定な原子と比べると、半分の半分、すなわち4分の1になっていますね。

このように、**はじめに1あった不安定な原子は、半減期がくるごとに2分の1→4分の1→8分の1→16分の1……と減っていく**のです。

◎放射性原子の種類ごとに半減期が決まっている

放射能をもつ原子（放射性物質）には、水素3とか炭素14、ウラン238といったたくさんの種類があります。

右の表は、放射性物質のいくつかの半減期を書いたものです。テクネチウム99mの6.01時間やヨウ素131の8.04日といった半減期が短いものがあれば、白金190の6900億年やインジウム115の600兆年といった、ずいぶん半減期が長いものもありますね。

では、半減期が何億年とか何兆年と長いものは、放射能がずっと減らないから怖いのでしょうか。

放射性物質の半減期

水素3	12.3 年
炭素14	5730 年
カリウム40	12 億 7 千万年
テクネチウム99m	6.01 時間
インジウム115	600 兆年
ヨウ素131	8.04 日
セシウム137	30.0 年
白金190	6900 億年
ラジウム226	1600 年
ウラン238	44 億 6000 万年
ニホニウム278	0.00034 秒

◎半減期がとても長いもの・短いものはあまり問題にならない

右の図は、半減期の長さで放射能の減り方がどのように違うのかを示したものです。

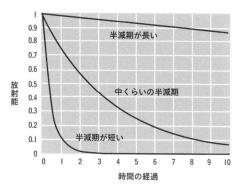

半減期が長いものは原子核が安定に近く、なかなか減りません。たとえばプラチナ（白金）の指輪１グラムには放射性の白金190が0.014％含まれていますが、アルファ崩壊は８秒に１回の割合でしか起こりません。このように半減期がとても長ければ、放射能はなかなか減少しないけれども最初から放射能はとても弱いので、あまり問題になりません。

一方、テクネチウム99ｍのように半減期がとても短いものは、最初は放射能が強いけれども時間がたつと急激に減っていくので、最初のうちだけ注意すればいいのです。テクネチウム99ｍが病院の検査で使われているのは、半減期がとても短いからです。

◎半減期が"長すぎず短すぎない"ものが危ない

やっかいなのは、半減期が長すぎず短すぎない放射性核種です。放射線をたくさん出して、なかなか減っていかないからです。原発事故で放射性のセシウム137が外にもれ出してくると、とてもやっかいなことになるのは、このような半減期をもつからです。

6 放射線を出しても安定にならない原子がある?

不安定な原子が放射線を出して別な原子に変わっても、まだ安定にならないものがあります。その性質を利用して、放射性核種をミルクのようにしぼり出すことができます。

　不安定な原子核が安定な原子核に変わる際に、余分なエネルギーを乗せて外に出ていくのが、放射線でしたね。たとえば水素3や炭素14は、ベータ崩壊して別な原子になったら、その原子はもう放射線を出しません。ところが、**不安定な原子が放射線を出して別な原子になったのに、その原子も不安定な場合があります。**

◎放射性崩壊が何回も続く逐次崩壊

　たとえば、ストロンチウム90がベータ崩壊してイットリウム90に変わる場合がそうです。イットリウム90もベータ崩壊してジルコニウム90になり、やっと安定になります。この場合、ストロンチウム90を親核種、イットリウム90を娘核種といいます。

　セシウム137がベータ崩壊してバリウム137mに変わる場合も、娘核種はまだ不安定で、核異性体転移[1]でガンマ線を出してバリウム137になり、やっと安定になります。

　これらのように、**崩壊が多段階に続くものを逐次崩壊といいます。**

＊1　核異性体転移については、56ページを参照。

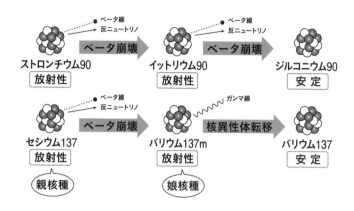

◎**ウラン238が親核種だと崩壊が延々と続いていく**

ストロンチウム90やセシウム137は2段階の崩壊で安定な原子になりますが、崩壊がさらに延々と続いていく場合もあります。ウラン238がそうで、64ページの図のように崩壊が続いていって、鉛206になると放射能はやっとなくなります。

このように延々と続いていく逐次崩壊を、系列崩壊といいます。ウラン238で始まる系列崩壊は、ウラン系列といいます。ウラン系列では、ウラン238を親核種、最後にたどりついた安定な鉛206を末端核種といいます。

系列崩壊は、ウラン系列を含めて4つあります（65ページの上図）。それぞれ、左が親核種、右が末端核種です。トリウム系列、ウラン系列、アクチニウム系列の3つは親核種の半減期がかなり長いので、地球が誕生したときにあった親核種は現在もかなり

残っています。ところが、ネプツニウム237の半減期は地球の年齢よりはるかに短いので、すでに消滅してしまいました。

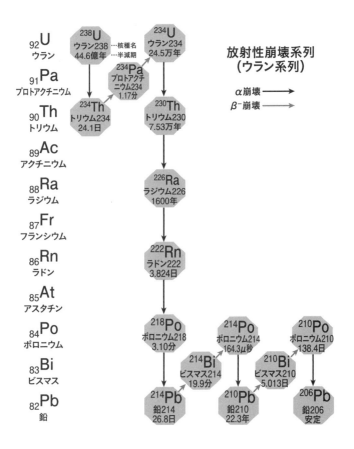

放射性崩壊系列
（ウラン系列）

α崩壊　——→

β^-崩壊　——→

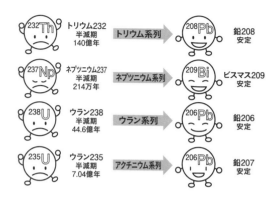

◎親と娘の放射能はどのように変わっていくのか

たとえばA→B→Cと続く逐次崩壊で、親核種Aと娘核種Bの放射能はどう変化するのでしょうか。親核種Aの放射能は減っていくだけですが、娘核種Bは複雑な変化をします。Aが崩壊するたびにBができますが、Bも崩壊していくからです（下の図）。

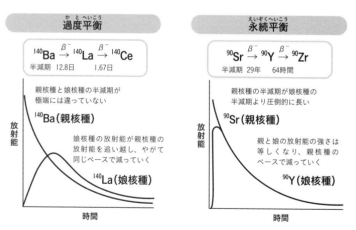

出典：安齋育郎『図解雑学　放射線と放射能』ナツメ社の図を一部改変

◎親核種と娘核種の半減期が極端に違わない場合

親核種と娘核種の半減期が極端に違わない場合、娘核種の放射能は65ページ左下の図のように変化します。たとえば、バリウム140→ランタン140→セリウム140の逐次崩壊がこのような経過をたどります。

はじめはゼロだった娘核種の放射能は、親核種が崩壊するのにしたがって増えていき、やがて親核種を超えます。その後、親核種の放射能が減るのと同じペースで、娘核種の放射能は減っていきます。このような状態になっているのを、過渡平衡といいます。

◎親核種の半減期が娘核種よりかなり長い場合

親核種の半減期が娘核種よりもかなり長い場合、娘核種の放射能は65ページ右下の図のように変化します。たとえば、ストロンチウム90→イットリウム90→ジルコニウム90の逐次崩壊がこうなります。

はじめはゼロだった娘核種の放射能は、親核種が崩壊するのにしたがって増えていき、やがて親核種と同じになります。その後、親核種と娘核種の放射能は等しいままで、親核種の半減期にしたがって減っていきます。このような状態を永続平衡といいます。

もう一度64ページのウラン系列の図を見てください。ウラン238とトリウム234、ラジウム226とラドン222の親娘はいずれも、「親の半減期が娘よりも圧倒的に長い」ですね。ということは、この2つの親と娘の核種はそれぞれ、放射能が等しくなっているのです。

◎ミルクのように放射性核種をしぼり出す

このような永続平衡の関係になっている放射性核種を利用すれば、原子炉や加速器*2が身近になくても、半減期の短い放射性を手に入れることができます。親核種の半減期が娘核種よりもかなり長いときには、親核種の崩壊によって娘核種が作られていって、だんだんたまってきます。この娘核種を分離して取り出しても、親核種の崩壊によって娘核種はふたたびたまり始めます。

このようにして親核種から、必要なときに娘核種を取り出して使うことを「ミルキング」といいます。ミルキングは乳しぼりの意味で、親核種をカウ（牝牛）、娘核種をミルクといっています。

病院の検査でよく使われているテクネチウム99mは、検査の直前にミルキングで取り出されています。テクネチウム99mは半減期が6時間と短いので、病院で保管しておくことはできません。親核種は半減期が65.9時間のモリブデン99で、半減期が娘核種の10倍以上と長いので、ミルキングでテクネチウム99mを何度も取り出して使うことができるのです。

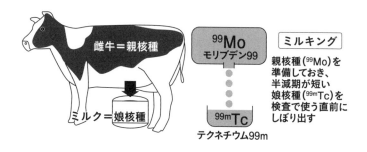

*2　研究や産業などで使われている放射性核種の多くは、原子炉や加速器で作られている。加速器は、粒子にエネルギーを与えてものすごく速く飛ばす装置。

7 放射線はだれが発見したの?

陰極線を研究していたレントゲンは1895年、エックス線を発見しました。さらにベクレルが1896年にウランの放射能を、キュリー夫妻が1898年に未知の放射性元素を発見しました。

◎レントゲンがエックス線を発見

ドイツのレントゲンは1895年の秋、陰極線について研究していました。陰極線は、＋極（プラス）と－極（マイナス）を封じこめて空気を抜いたガラス管（陰極線管）に電流を流すと、－極から何らかの線が出てくる現象です。陰極線管の圧力を1万分の1気圧くらいまで下げると、＋極側のガラスが黄緑色の蛍光を放つことが発見されていました。

ヴィルヘルム・レントゲン
(1845-1923)

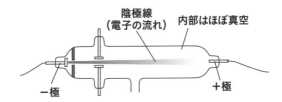

陰極線管（クルックス管）

出典：滝川洋二編『発展コラム式中学理科の教科書』講談社（2014年）
の図を一部改変

　レントゲンは陰極線管を黒い紙で作った箱に入れ、部屋全体を暗くして陰極線を発生させました。すると陰極線からは蛍光がもれていないのに、蛍光スクリーンが明るく輝いたのです。スクリーンを陰極線管から離してもこの蛍光は見え続けたので、彼は未知の放射線が陰極線管から発せられていると考え、実験を続けました。そして1985年12月に論文を発表して、この放射線にエックス線という名をつけました。

　エックス線は約1000ページの本を突き抜けるほど、透過力が強いことがわかりました。 右はレントゲンが初めて撮影した、彼の妻の手のエックス線写真です。エックス線はまたたく間に医学などで利用されるようになり、一方でエックス線が人体に障害を与えることもすぐに知られるようになりました。

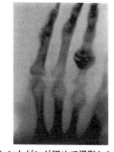

レントゲンが初めて撮影した妻の手のエックス線写真
出典：北畠　隆『放射線障害の認定』
金原出版 1971 年

◎ベクレルがウランの放射能を発見

　エックス線と蛍光物質の関係を調べていたフランスのベクレルは1896年、写真乾板[*1]を不透明な黒い布の容器に入れて片面をアルミニウム板で封じて、ウラン化合物を外側からテープで固定して太陽光にあてる実験をしました。すると内部のフィルムが感光して、黒

アンリ・ベクレル（1852-1908）

＊1　光で感光する写真乳剤をガラス板に塗ったもので、写真を撮るのに使われた。

くなりました。彼は、太陽光を吸収したウラン化合物が、アルミニウムを透過するような目に見えない放射線を出していると考えました。

2月の終わり、ベクレルは実験するつもりでアルミニウム板にウラン化合物を貼りつけて準備したのですが、曇りなので装置を光の入らない引

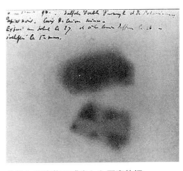

ウラン化合物で感光した写真乾板
出典：Wikipedia

き出しに保管しました。翌日もその次の日も曇りだったので、実験をあきらめてフィルムを一応現像してみました。すると予想外の黒い像が現れたので、ベクレルは驚きました。

ベクレルはこの現象を目のあたりにして、**外からの光線の照射とは無関係に、ウラン化合物から放射線が放出されている**と考えました。これが、天然ウランがもっている放射能（原子が放射線を放出して他の原子に変わる能力）の発見でした。ウランから出てくる放射線は、しばらくのあいだベクレル線と呼ばれていました。

◎キュリー夫妻が未知の放射性元素を発見

マリーとピエールのキュリー夫妻は、ベクレル線に強い関心をもっていました。ピエールらが開発した装置を使って放射線の量を測っていたマリーは、**放射線の放出能力がウランの量に正確に比例し、ウランがどんな化合物なのかとは無関係であって、温度や太陽光とも関係しない**ことを確認しました。

マリーは次に、放射能という性質がウランだけがもつ性質かど

うかを調べ始めて、トリウムという元
素にも放射能があることを見つけまし
た。マリーはさらに、手に入る鉱物標
本を手あたり次第調べていき、**ピッチ
ブレンドというウラン鉱石に強烈な放
射能があることを見つけました。その
放射能は、ウランやトリウムの量から
推定される放射能の強さよりも、はる
かに強いものでした。**

マリー・キュリー（1867-1934）

　マリーはその強烈な放射能が、ピッチブレンドに潜んでいる未
知の物質によるものだと考え、この物質の追跡を始めました。数
十トンというばく大な量の鉱物から、粗末な実験室で気の遠くな
るような化学分離[*2]をくり返して、ついに未知の放射性元素を見
つけました。彼女はその**新元素に、祖国ポーランドの名をとって
ポロニウムと名づけました。**

　ピッチブレンドにはポロニウム以外に、別の放射能がまだある
ようでした。マリーはまたもや苦労の末に、**新しい放射線元素の
ラジウムを見つけました。**その名はラテン語のラジウス（光線）
からつけられました。数十トンの鉱石から彼女が得たラジウムの
量は、0.1グラムにすぎませんでした。

数十トンのウラン鉱石

**粗末な実験室での
過酷な分離作業**

0.1gの
ラジウム

＊2　いろいろな物質が混ざった混合物から、化学的な操作をくり返して目的の物質を取
　　り出すこと。

8 放射線はどうやって測るの？

放射線は私たちの五感では感じられないので、感知するには測定器が必要です。放射線（量と質）の測定と放射能（放射性物質の種類と量）の測定で、使う測定器はまったく違っています。

◎**障害を防ぐために放射線量の測定が始まった**

レントゲンがエックス線を使って撮影した人の手の写真は、大きな反響を呼びました。医学などでの利用が始まったエックス線は、一方で障害を起こすことも知られていきました。**エックス線の利用が広がるにつれて放射線障害も拡大していき、命を失う人も数多く出ました。**

こうした中で、放射線の障害をいかに防止するかという対策も進み始めました。そのためには、放射線がどのくらいの強さで障害を起こすのかを知る必要があります。そのために作られたのが放射線測定器で、開発したのはスウェーデンのシーベルトでした。シーベルトの名は、放射線量の単位になっています。

◎**放射線と放射能で使う測定器は違う**

放射線は私たちの五感（視覚、聴覚、触覚、味覚、嗅覚）では感じられないので、感知するには測定器が必要です。放射線測定は、放射線（量と質）の測定と、放射能（放射性物質の種類と量）の測定に分けられ、使われている技術は両者でかなり違います。そのため、測定の目的に応じて選ぶ必要があります。

放射線測定器は、私たちのまわりの環境を飛んでいる放射線の

量を測定していて、単位は「1時間あたりのシーベルト」です。シーベルトは放射線の人への影響の大きさを示す数値で、物に吸収された放射線のエネルギー（単位はグレイ）から換算されます。

放射能測定器は、体や食品、土などの中にある放射性物質の量を測るもので、単位は「ベクレル」です。放射性物質が1秒あたり1個崩壊するのを、1ベクレルとしています。

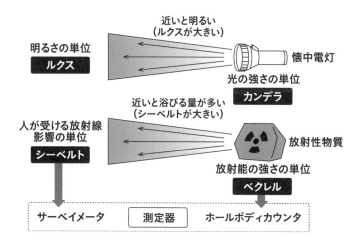

◎周辺の放射線量や放射能汚染状況を測定

持ち運びができる小型の放射線測定器を、サーベイメータといいます。環境中の放射線量や放射性物質での汚染など、測定目的や放射線の量に応じて異なったものを使います（74ページの図）。

シンチレーション・サーベイメータは、放射線があたると蛍光を発する物質を使っています。日本での平均的な自然放射線の量は1時間あたり0.1マイクロシーベルト（0.1μSv/時）前後です

が、シンチレーション・サーベイメータはこのレベルでの放射線量のわずかな変化も検出できます。そのため、福島第一原発事故の後にあちこちで使われました。ポケットサーベイメータは同じ方法で測定していて、手の平に乗るくらいの大きさのものです。

GMサーベイメータは、電圧をかけた気体に放射線があたると電流が生じることを利用していて、ガイガー・カウンタとも呼ばれています。原発事故で放射性物質が放出された際に、身体や環境が汚染されているかどうかを調べる測定器として重要なものです。環境の放射線を測定できるタイプ（多目的型）もありますが、シンチレーション・サーベイメータほど感度はよくないので、自然放射線レベルの放射線量の変化は測定できません。

外観	名称	測定目的 放射線	測定できる範囲
	シンチレーション サーベイメータ	線量率	μSv/時
		ガンマ線	
	ポケット サーベイメータ	線量率	μSv/時
		ガンマ線	
	多用途型GM サーベイメータ	線量率	μSv/時
		ガンマ線	
		表面汚染	cps
		ベータ線	
	端窓型GM サーベイメータ	表面汚染	cps
		ベータ線	

「μSv/時」は１時間あたりマイクロシーベルト、「cps」は１秒あたりのカウント数を示す。
なお、１時間あたりの放射線量は、「線量率」という。

◎食品や体内などの放射線のエネルギーと数を測定

　食品や体内などにどんな放射性物質がどのくらいの量で含まれているかは、そこから出てくる放射線のエネルギーと数を測定すればわかります。

　下の図は、ホールボディカウンタ（体内の放射性物質の量を体外で測定する装置）で測定した結果です。放射性物質のヨウ素131を取りこんでしまった人には、正常な人では見られないピーク（★のところ）が見られます。このピークの大きさを測れば、体内の放射性物質の量が推測できます。一番右のところにあるピークは天然の放射性物質のカリウム40によるもので、正常な人にも現れています。

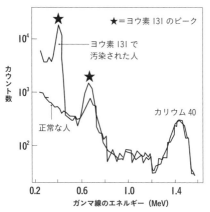

**ヨウ素 131 を体内に取りこんだ人の
ホールボディカウンタによる測定結果**

出典：日本原子力産業会議『解説と対策 放射線取扱技術』(1998 年) を一部改変

9 放射線はいつも身近に飛んでいる？

> ポケットサーベイメータを使えば、私たちのまわりの放射線が
> 数値として体感でき、「やさしお」や花崗岩などで数値が上がり
> ます。霧箱を使えば、放射線が目で見えるようになります。

◎放射線測定器の値はゼロにはならない

　放射線には色やにおいなどがなくて、私たちの感覚では認識できません。そのため、いつもは身のまわりのどこにもないような気がしますね。

　たとえば、右の写真のポケットサーベイメータのスイッチを入れてしばらくすると、四角い部分に「0.064」という数字が表れてきます。数字の横には、「μSv/時（マイクロシーベルト毎時＝1時間あたりで浴びる放射線量）」という単位が書かれています。つまり、この場所の放射線量は、「0.064 μSv/時」ということです。

　この写真を撮ったのは、福島第一原発事故でまき散らされた放射性物質の影響がないところです。それでも値はゼロにはなりません。放射線は私たちのまわりで、いつも飛んでいるからです。

◎「やさしお」に近づけると放射線量が多くなる

　ポケットサーベイメータは各地の科学館などにも置いてあるので、もし見つけたらぜひ手にしてみてください。そういったところでは、「やさしお」のようなものも一緒に展示してあって、放射線量が測れるようになっています。

　「やさしお」は、食塩に味がよく似た塩化カリウ

放射線測定器と「やさしお」

ムが入れてあって、食塩を摂る量を減らすときに使われています。**カリウムには、天然の放射性物質のカリウム40が0.017%含まれているので、そこから放射線が出てくるのです。そのため、ポケットサーベイメータを「やさしお」に近づけると、放射線量を示す数値が大きくなります。**

　もし、花崗岩（かこうがん）（墓石などによく使われる御影石（みかげいし））や園芸用のカリ肥料があったら、そこにも近づけてみてください。数値が上がってくるはずです[*1]。こうしたものからも放射線が出ています。

◎トンネルに入っても放射線量が多くなる

　車にポケットサーベイメータを乗せて、トンネルを出入りすると数値が大きく変わるのがわかります。次のページの図はその一例で、一番上の太い線が放射線の量を示しています。トンネルに

＊1　放射線量の数値は上がってくるが、まったく問題はないので、気にする必要はない。

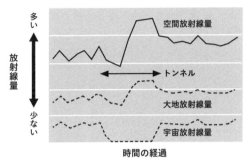

注：空間放射線量＝大地放射線量＋宇宙放射線量

入ると放射線量が多くなり、出ると少なくなっていますね。どうしてこのようなことが起こるのでしょうか。

　実は、**大地の中からも宇宙からも放射線が飛んできていて、トンネルの内外でそれらの量が大きく変わっているのです。**下の点線は、大地からの放射線と宇宙からの放射線を区別できる測定器で測った結果です。**トンネルに入ると宇宙から飛んでくる放射線が岩盤でさえぎられて少なくなり、逆に大地からの放射線の量が多くなります。**大地放射線の増加量が宇宙放射線の減少量を上回るため、トンネルに入ると放射線量が多くなるのです。

◎霧箱を使うと放射線が見えるようになる

　私たちの身のまわりに放射線が飛んでいることは、サーベイメータを使って数値として認識できますが、**霧箱という装置を使えば放射線を目で見ることもできます。**

　霧箱は、アルコール蒸気を容器の中で過飽和[*2]にして、そこに放射線が飛びこむ衝撃で結露[*3]ができるのを観測する装置です。放射線の霧は、飛行機雲ができるのと似たようなしくみでできて

---

*2　ある量が、飽和状態より以上に増加した状態を過飽和という。蒸気が、ある温度で飽和蒸気圧以上の圧力をもつ場合も過飽和にあたる。
*3　蒸気（気体）が凝縮して霧（液体）になること。

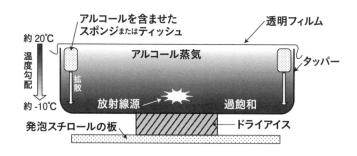

いいます。霧箱の構造は、大まかに描くと上のようなものです。タッパーやアルコール、ドライアイスなどの身近な材料で作れますし、作り方はインターネット上で見つけることができます[*4]。

右の図は霧箱での放射線の見え方の一例で、**左下にアルファ線、中央上にベータ線が飛んだ跡が見えています。アルファ線は勢いよく、ベータ線は千鳥足で飛んでいますね。**右では、キャンプなどで使うガスランタン[*5]の芯に入っているトリウムを放射線源にしていますが、花崗岩や「やさしお」、カ

霧箱で見えた放射線
出典：http://www.02320.net/how-to-make-cloud-chamber/ の図を一部改変

リ肥料を放射線源にしても放射線が見られます。

霧箱も各地の科学館などに置いてありますから、私たちのまわりに飛んでいる放射線を目で実感してみてください。

＊4　たとえば、http://www.02320.net/how-to-make-cloud-chamber/ （おうちで実験！拡散霧箱の作りかた）。

＊5　ガスを燃料にして、明かりを灯す装置。芯にトリウムなどの金属の酸化物が使われていて、この芯が炎の熱を光に変えている。トリウムを使っていないものもある。

10 物質に中性子をあてると放射能をもつようになる?

中性子を物質にあてるとその物質は放射能をもつようになり、これを放射化といいます。放射化はがんの治療や放射性物質の製造、金属中の不純物の分析などに利用されています。

◎体の外や中から放射線を浴びても、放射能をもつことはない

体の外から放射線を浴びると、体が放射能をもつようになるのでしょうか。ガンマ線は、エネルギーが非常に強い場合は原子核と反応を起こして、相手の物質が放射能をもつ場合があります。しかし、私たちが天然の放射性物質からガンマ線を浴びたり、福島第一原発事故で出てきたセシウム137から出てくるガンマ線などを浴びたりしても、そういった反応は起こりません。また、アルファ線とベータ線を体の外から浴びたり、これらを出す放射性物質が体に入ったりしても、体が放射能をもつことはありません。

◎中性子があたると物質は放射能をもつようになる

一方、中性子があたると、あたった物質は放射能をもつようになります[*1]。中性子は電気をもっていないので、+の電気をもった原子核に反発されることがなく、原子核に取りこまれることがあるのです。そうすると原子核の中性子の数が、1つ増えます。それまでは陽子の数と中性子の数のバランスがよかったのに、中性子が1つ増えてしまうと、その原子核は不安定になってしまいます。

---

*1 中性子は私たちのまわりにたくさん飛んでいるわけではないので、このことを心配する必要はない。

　下の図は、コバルト59（安定な原子核）に中性子をあてた場合です。コバルト59の原子核は中性子1個を吸収して、コバルト60m という不安定な原子核になり、ガンマ線を出してコバルト60になります。これもまだ不安定なので、さらにベータ線とガンマ線を出してニッケル60になり、やっと安定になります。コバルト60が出すガンマ線は、がんの治療などで使われています。

　このように、中性子があたって放射能をもつようになることを、放射化といいます。

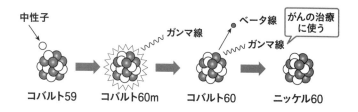

◎中性子放射化はいろいろなことに利用されている

中性子放射化は、いろいろな物質の分析にも使われています。

たとえば、鉄には不純物としてコバルトが含まれています。調べ

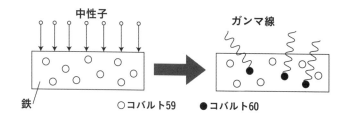

たい鉄に中性子をあてると、不純物として含まれるコバルト59はコバルト60になり、ガンマ線が飛び出してきます。このガンマ線の量を測れば、どれだけのコバルトが不純物として含まれていたのかわかります。

◎銀貨が放射性物質で汚染されているかどうかもわかる

今から50年ほど前、中性子があたって放射化した銀が流通しているのが見つかりました。銀鉱石を掘る際に、核爆発が使われた可能性があるのです。銀に中性子があたると、銀108m[*2]という放射能をもった銀ができて、ガンマ線が飛び出してきます。下の図は、日本の3種類の銀貨の放射能を調べたものです。図で434キロ電子ボルト（keV）[*3]、614 keV、723 keVと書かれたところに山があれば、銀108mが銀貨に含まれていることになります。

江戸時代末期に作られた加賀藩の一分銀で銀108mは検出され

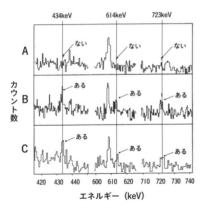

A 加賀藩の一分銀
B 東京オリンピック記念銀貨
C 札幌オリンピック記念銀貨

銀が中性子を浴びていると、放射化した放射性銀（^{108m}Ag）ができていて、434keV、614keV、723keV のガンマ線が出てくる。左の図はそれを調べたもので、BとCは放射性銀で汚染されているが、Aは汚染されていないことがわかる。

銀貨の放射性銀（^{108m}Ag）での汚染を調べた結果

出典：小村和久 , RADIOISOTOPES, Vol.55, pp.293-306 (2006) の図を一部改変

＊2　銀には、銀107 と銀109 という安定同位体があり、銀107 に中性子があたると銀108m ができる。
＊3　電子ボルトは原子核や分子などのエネルギーを示す単位。

ませんでしたが、**東京オリンピック記念銀貨（1964年）と札幌オリンピック記念銀貨（1972年）では検出されました。**このことから、人が作った放射性銀による汚染が、少なくとも1964年には始まっていたことがわかりました[*4]。

◎中性子放射化は考古学にも使われている

京都の大きなお寺で大修理がおこなわれた際、大量の鉄滓[*5]が土の中から出てきました。お堂を建てる際、瓦を留めるために長さ40センチメートルほどの鉄釘が大量に使われたので、この鉄滓は鉄釘と同じ原料（砂鉄）からできていたかどうかに大きな関心が集まりました。

鉄の中にわずかに含まれているヒ素とアンチモンという元素の比から、産地が推定できることがわかっています。鉄滓を中性子放射化で分析したところ、その比は11でした。この数値は鉄釘と同じなので、鉄滓も鉄釘と同じく奥出雲（島根県）の鉄鉱石由来だったのです。**奥出雲から大量の砂鉄が京都に運ばれ、お寺の境内で鍛冶がおこなわれて鉄釘が作られ、大量の鉄滓がそこに捨てられていたことが中性子放射化でわかったのです。**

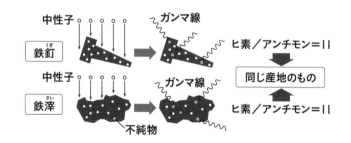

[*4] この研究は、石川県の尾小屋鉱山跡の地下深くにある、金沢大学の超低レベル放射能実験室でおこなわれた。

[*5] 鉄鉱石から鉄を取り出す際に、取り除かれる不純物のこと。

第2章
身近にあふれる
放射線と放射性物質

1　私たちはどのくらい放射線を浴びているの?

日本人は宇宙や大地からの放射線、食べ物や呼吸で取りこんだ
放射性物質からの放射線を、平均して1年に約2ミリシーベル
ト浴びています。これらの量は国によってかなり異なります。

◎私たちは放射線にかこまれて暮らしている

　放射線には色もにおいもなく、私たちの五感では感じられませ
ん。そのため、放射線は自分のまわりにはなくて、原発の事故で
突然降ってきたと思っている人が多いかもしれません。ところが
実際には、放射線は自然界のあちこちにあります。私たちはいつ
も、放射線にかこまれて暮らしているといってもいいでしょう。

　**放射線には、天然の放射線源から飛んでくる自然放射線と、人
工の放射線源から飛んでくる人工放射線があります**が、ここでは
前者の「自然放射線」についてお話ししましょう。

　自然放射線の起源は、以下のように4つあります。

　①宇宙線　宇宙から降り注ぐ放射線です。その起源は超新星の
大爆発で飛び散った残骸だと考えられ、これを銀河宇宙線といい
ます。太陽からも飛んできていて、こちらは太陽宇宙線といいます。

　②大地放射線　大地や建物から出ている放射線です。屋外では
地面の下の土や岩石から飛んできて、屋内では建材の中からの放
射線が加わります。大地放射線の量は岩石によって違っています。

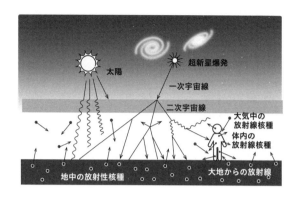

　③**経口摂取**　食べ物にはカリウム40などの天然の放射性物質が含まれていて、口から体の中に取りこんでいます。それらからも放射線が出ています。

　④**吸入摂取**　空気中にはラドンという放射性のガスがただよっていて、呼吸によって肺に取りこまれます。肺の中でラドンは崩壊して固体の放射性物質になり、さらに放射線を出します。

　◎**自然放射線の量は国や地域でけっこう違う**
　私たちが浴びている放射線の量は、①〜④を合計したものです。日本では平均して1年間で、①宇宙線を0.30ミリシーベルト（mSv）、②大地放射線を0.33 mSv、③経口摂取で0.99 mSv、④吸入摂取で0.48 mSv の放射線を浴びていて、これらを合計すると2.10 mSv になります。
　次のページの図は、世界（平均）、日本、イギリス、アメリカの自然放射線の量を比較したものです。宇宙線の量はあまり違っ

ていませんが、大地
放射線、経口摂取、
吸入摂取はかなり異
なっていますね。**国
によって岩石の種
類が違う（大地放射
線）、食べ物が違う
（経口摂取）、住んで
いる住宅の密閉性が**

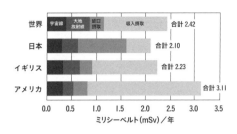

自然放射線による1人あたりの被ばく線量
出典：市川龍資, RADIOISOTOPES, Vol.62, pp.927-938（2013）

違う（吸入摂取）、といった違いがあるからです。

　下の図は、いろいろな国の自然放射線量です。①～④を合計し
た、1年間で浴びる量が書かれています。国によって、ずいぶん
違っているのがわかります[*1]。**日本と比べると、フランスやスペ
インは2.5倍、スウェーデンは3倍、フィンランドは4倍の自然**

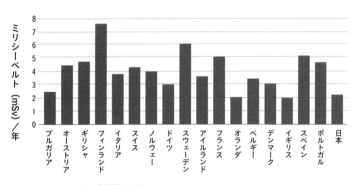

いろいろな国の自然放射線量　　　出典：http://twitpic.com/anmb9q の図を一部改変

[*1]　国によってこれほど自然放射線量が違っているのは、放射性ガスであるラドンの量
の違いによる。土壌や岩石および、それらで作られている建材にはウランやトリウ
ムなどの放射性元素が含まれていて、そこから生じたラドンが絶えず空気中に出て
きている。屋内でのラドン濃度は、放射性元素を多く含む建材を使った家屋や、気
密性の高い家屋で高くなっていて、そういった家屋に住んでいるとラドンによる被
ばく量が多くなる。

放射線を浴びています。 なお、これらの数字にチェルノブイリ原発事故で放出された放射性物質による被ばく量は含みません。

◎核実験で被ばく量が増えてしまっていた

自然放射線とは別の放射線によって、世界の人々の被ばく量が大きく増えてしまったことがあります。その原因は核実験です。

下の図を見ると1964 〜 65年に、被ばく量が大きく増えていますね。1963年にアメリカ、旧ソ連、イギリスの３国で部分的核実験停止条約が締結されました。**その直前の1962年に、「かけこみ実験」がたくさんおこなわれて大量の放射性物質がまき散らされ、それらが地球上に降り注いだのです。** そのときに降り注いだセシウム137やストロンチウム90[*2]などが、今でも土の中に残っています。

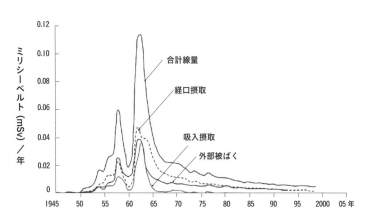

核実験による世界人口１人あたりの被ばく線量の推移

出典：市川龍資 , RADIOISOTOPES, Vol.62, pp.927-938（2013）

＊2　セシウム137とストロンチウム90は、ウランやプルトニウムの核分裂で作られる放射性物質で、核分裂生成物ともいう。いずれも半減期が約30年であるため、「かけこみ実験」から60年近くたった現在でも、当時の４分の１ほどがまだ残っている。

2 高度1万メートルの放射線量は地上の100倍もある?

宇宙から地上に降り注いでいる放射線を、宇宙線といいます。
高度が高くなると宇宙線は強くなり、飛行機が飛ぶ高度1万メートルでは地表に比べて約100倍になっています。

◎宇宙から放射線が降り注いでいる

宇宙からは、いろいろなものが地球にやってきています。放射線もその1つです。

宇宙から降り注ぐ放射線は宇宙線といい、3種類があります。

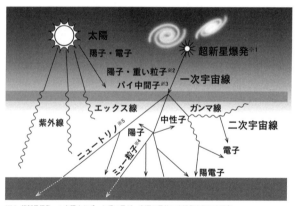

※1 超新星爆発　：太陽よりずっと重い星が、生涯の最後に大爆発を起こす現象
※2 重い粒子　　：炭素や酸素などのヘリウムの原子核よりも大きい原子核のこと
※3 パイ中間子　：原子核の中で陽子と中性子を束ねる力を伝える素粒子。
　　　　　　　　　崩壊するとミュー粒子になる
※4 ミュー粒子　：電子と同じマイナスの電気をもつが、電子よりも重い素粒子
※5 ニュートリノ：電気をもたないとても小さな素粒子。陽子の大きさを地球にたとえると、
　　　　　　　　　ニュートリノは米粒くらいの大きさしかない

　①銀河宇宙線　太陽系の外から飛んできて、起源は超新星爆発と考えられています。陽子や、ヘリウムより重い原子核が、高速で飛んでいるものです。

　②太陽放射線　太陽から飛んできて、陽子などの電気をもった粒子の流れです。太陽はいつも同じ強さで輝いているわけではなく、表面で爆発が起こると放射線量が多くなります。

　③バン・アレン帯*1の放射線　電気を帯びた粒子が地球の磁場につかまって、地球のまわりにとどまって飛び回っています。その放射線が地球に降り注いでいて、その量は常に変動しています。

　これらの放射線が、地球の磁場を突破して大気に飛びこんでくるものを一次放射線といいます。そのうち約90％が陽子、残りがヘリウムやもっと重い原子の原子核で、地表にも降り注いで私たちはこれを浴びています。

　一次放射線は大気（窒素や酸素など）の原子核にぶつかって、中性子や陽子をはじき出します。これがさらに別な原子核にぶつかって、電子や陽電子、ガンマ線、中性子、陽子、ニュートリノなどのさまざまな粒子が生まれ、いっせいに地表に降り注いできます。これらを二次宇宙線といい、私たちはこれも浴びています。宇宙線が大気中の原子にぶつかった際に、大量の放射性物質も生まれています。その中でもっとも多いのが、大気の80％をしめる窒素にぶつかってできる、炭素14という放射性物質です。

　＊１　地球のまわりにあるドーナツ状の放射線が飛び回っている領域をバン・アレン帯という。

◎標高・緯度が高いほど宇宙線を浴びる量が多くなる

　宇宙線は高いところほど強くなり、標高が1500メートル（m）高くなるごとに約2倍になります。また、緯度が高くなっても宇宙線は増えて、北極は赤道より30％ほど宇宙線が多くなっています。宇宙線による1年間の被ばく線量は、海面で日本では0.27ミリシーベルト（mSv）、世界平均で0.39 mSvですが、高地に住んでいる人たちはもっと多くの宇宙線を浴びています。

　下左の図のように、東京→乗鞍岳→富士山と標高が高くなるにつれて、宇宙線が急激に強くなっています。また、石垣島から稚内へと、北に行くにつれて宇宙線は強くなっています。

　下右の図は標高の高い都市の宇宙線による被ばく量です。標高3900 mに位置するボリビアのラパスでは、宇宙線を1年で2.02 mSv浴びていて、その量は海面の約7倍になります。

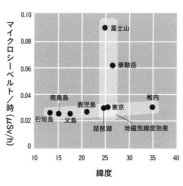

宇宙線量の高度・緯度による変化

出典：下道國ら，RADIOISOTOPES, No.706, pp.23-32
(2013) の図を一部改変

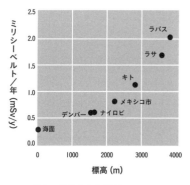

都市の標高と宇宙線量

出典：舘野之男『放射線と健康』岩波書店(2001)から作成

◎飛行機が飛ぶ高度の宇宙線は地上の100倍にもなる

宇宙線は、飛行機が飛んでいる高度1万mでは、地上（海面）の約100倍になります。そのため、日本からヨーロッパへ1回往復すると0.1〜0.2 mSv[*2]ほど被ばくします。飛行機の乗務員を守るために、放射線被ばく量の基準が作られています。

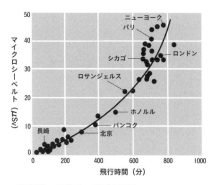

成田発着の航空機の被ばく線量

出典：下道國ら、RADIOISOTOPES, No.706, pp.23-32（2013）の図を一部改変

太陽の表面で爆発が起こると、太陽放射線が急激に増えます。そのようなときは北極付近を飛ぶのが危険になるので、航路が南寄りに変更されます。これまでに観測された最大値は、ヨーロッパーアメリカ間の1回の飛行で4.5 mSvでした。

国際線の飛行機に乗った際に、どのくらいの被ばくをするのかを計算できるサイトがあります。東京（成田）ーロンドン間を計算したところ、以下のようになりました。

http://www.jiscard.jp/outline/condition.shtml

＊2　1mSv（ミリシーベルト）= 1000 μSv（マイクロシーベルト）。このグラフでは成田ーパリの往復で約80μSvなので、mSvにすると0.08になる。

3 　地面からも放射線が飛んできている？

大地や建物、道路に含まれる放射性物質から放射線が出ていて、これを大地放射線といいます。大地放射線の強さは、地質の違いを反映して地域によってかなり違っています。

◎大地や建物からの放射線

　私たちは毎日、大地や建物などから飛んでくる放射線（大地放射線）を浴びながら暮らしています。**大地放射線の源は、地球の内部に分布しているウラン、トリウム、カリウム40などの放射性核種です**[*1]。これらの核種はアルファ線、ベータ線、ガンマ線を出していますが、体まで届くのはガンマ線だけです。そのガンマ線が大地放射線で、私たちが浴びているのは深さ30センチメートルくらいまでの土から出てくるガンマ線です。

　ウランやトリウム、カリウム40は建物などの材料にも含まれているため、ビルの壁や舗装された道路からも放射線が出ています。花崗岩（かこうがん）はこれらの含有量が多いので、外壁や敷石として使わ

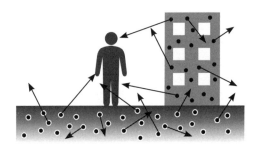

＊１　ウラン、トリウム、カリウム40は半減期がとても長いので、地球が誕生して46億年がたった現在でもたくさん残っている。崩壊するときに出る熱は地球内部の熱源になり、温泉などの熱源になっているだけでなく、地球そのものの進化においても決定的な役割を果たしてきた。地球が現在でも活動的な惑星であり続けているのは、これらの放射性核種のおかげである。

れているところは放射線量が多めです。明治神宮の本殿前の広場や銀座通りの歩道は、そうした場所にあたります。

◎大地放射線量は場所によって違う

　右の図は日本列島の自然放射線レベルを示した図です。地面から高さ1メートルで測定していて、大地放射線と宇宙線を合計した値になっています。宇宙線の量に大きな違いはないので、大地放射線の量の違いを反映しています[*2]。

　日本列島では、中部地方より西で自然放射線量が多く、関東より東で低い傾向があります。日本列島全体の自然放射線量の平均は、1時間あたり0.056マイクロシーベルト

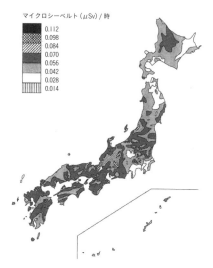

マイクロシーベルト（μSv）/ 時

```
0.112
0.098
0.084
0.070
0.056
0.042
0.028
0.014
```

日本列島の自然放射線レベル

出典：古川雅英，地学雑誌，
Vol.102, No.7, pp.868-877（1993）の図を一部改変

（μSv/時）です。また、市町村ごとに算出した平均値は、最高値が0.103 μSv/時、最低値は0.019 μSv時でした。

　自然放射線量のこうした違いは、地質の違いを反映していて、自然放射線の多いところは花崗岩の分布と重なっています。花崗

---

　*2　特に高い地域は、琵琶湖周辺から若狭湾、中部地方の山岳、関東地方の北の縁、新潟平野周辺に見られる。一方、特に低い地域は、伊豆・房総半島から日本海にかけての楔状（くさびじょう）の地域、東北地方の北部、北海道の中央部以外の地域に分布している。

岩はマグマが地下深くで冷えて作られますが、その際に放射性核種のウランやトリウム、カリウム40が濃縮されます。そのため、日本列島で自然放射線が特に多いところは、ほとんど花崗岩が分布しているわけです。

　一方、**自然放射線の少ない地域に、黒ボク土**[*3]**におおわれた地域があります。**黒ボク土は関東地方でよく見られる、火山灰からできた黒っぽい土です。黒ボク土が分布している地域には、自然放射線の多いところはほとんど見つかりません。

◎世界には大地放射線が特に多いところがある

　大地放射線を浴びている量は、世界平均で1年に0.50ミリシーベルト（mSv）とされていますが、その20倍以上になる地域もあります（下の図）。

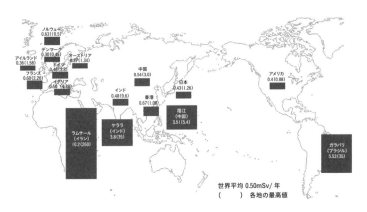

大地から受ける年間自然放射線量

出典：国連科学委員会の1993年報告書などから作成

＊3　黒ボク土は、有機物をたくさん含んでいるので黒い色をしている。関東ローム層もこの土である。富士山の火山灰が起源の土の中で、黒色がはっきりした黒ボク土と、あまり黒くない黒ボク土がある。黒ボク土は放射性核種の含有量が少なく、土壌化しているので、下の岩石からくる放射線もさえぎる。

　ラムサール（イラン）には、温泉が作った石灰質の沈殿（石灰<ruby>華<rt>か</rt></ruby>）にウランとトリウムがたまっています。ケララ州（インド）の海岸には、トリウムを含む黒い砂がたまっています[*4]。陽江（中国）では、ウランやトリウムを多く含む粘土が<ruby>煉瓦<rt>れんが</rt></ruby>として使われています。このような理由から、大地放射線が多くなっているのです。

◎地下鉄に乗ると放射線量の変化がわかる

　放射線測定器をもって地下鉄に乗ると、放射線の量が変化するのを実感できます。下の図は東京都内の地下鉄で測定した結果で、地下鉄が地上走行部（●━●）に出ると放射線量が下がっています。地上と地下の走行部を比較すると、地下は40 ％ほど高い値になっています。縦線のところで、地下鉄は川を渡っています。そのときに放射線が少なくなっているのは、大地放射線が川の水でさえぎられているからです。同じ現象は海の上でも見られ、海水が大地放射線をさえぎって放射線量が少なくなります。

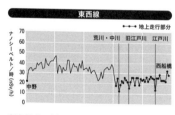
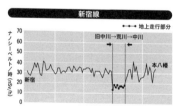

東京都内の地下鉄の自然放射線量

出典：小川雅之ら , RADIOISOTOPES, Vol.57, pp.313-320（2008）の図を一部改変

注：ナノ (n) は 10 億分の 1

　[*4]　ケララ州の住民は、砂浜に座って漁具の手入れをして、ヤシの葉で囲った家で砂に毛布を敷いて寝る生活をしていて、砂から直接放射線を浴びている。ケララ州の 7 万人の人々で、被ばく線量とがんの発生の関係が調べられた。その結果、生まれてから累積した線量とがんの発生のあいだには関連はなく、調査された範囲の被ばく線量ではがん発生への影響はないという結論が得られた。

4 食べ物の中にも放射性物質がある?

カリウムは生きていくのに必要なので、放射性のカリウム40も体内に一定の量が存在しています。日本人は魚介類をたくさん食べるので、ポロニウム210の被ばく量が多くなっています。

◎体の中に含まれている天然の放射性物質

体の中にあるたくさんの元素の中で、10種類は生きていくのに必要で存在量がきわめて多いため、主要必須元素[*1]と呼ばれています。必須元素の量は精巧に調節されていて、必要な量だけが摂取され、必要以上のものは排せつされています。

主要必須元素の1つにカリウムがあり、ヒトの体重の約0.2%をしめています。60キログラム（kg）の人ならば、約120グラム（g）ですね。体内のカリウムの98%は細胞の中、2%は細胞の外にあり、筋肉には全身のカリウムの80%が含まれています。

カリウムの中で0.017%は天然放射性核種のカリウム40で[*2]、体重60kgだと0.014gのカリウム40が含まれています。その放射能は約4000ベクレル（Bq）です。体内のカリウム量は精巧に調節されているので、カリウム40も一定になっています。

体内の天然放射性物質

カリウム40	4000ベクレル
炭素14	2500ベクレル
ルビジウム87	500ベクレル
ポロニウム210	20ベクレル

注：体重 60 kg の日本人の場合

*1 主要必須元素は、水素、炭素、窒素、酸素、リン、硫黄、塩素、ナトリウム、カリウム、カルシウムの10種類。主要必須元素よりも体内にある量は少ないが、生きていくのに必要な元素を微量必須元素という。

*2 天然のカリウムには、カリウム39、カリウム40、カリウム41が含まれている。存在比は、カリウム39が93.2581%、カリウム40が0.0117%、カリウム41が6.7302%で、放射性はカリウム40だけ。

体の中にはカリウム40のほかに、炭素14やルビジウム87などの食べ物に由来する天然放射性物質があって、合計すると約7000 Bq になります（前ページの図）。

◎食べ物由来の放射性物質で年に約1 mSv の被ばく

食べ物由来の放射性物質から、日本人は1年に0.99ミリシーベルト（mSv）を浴びています[3]。世界平均は0.29 mSvで、日本人がとても多いのは、ポロニウム210[4]の被ばく量が多いからです。

体内のポロニウム210の放射能はカリウム40の20分の1なのに、ポロニウム210の被ばく量はカリウムの約4倍です[5]。この違いがあるの

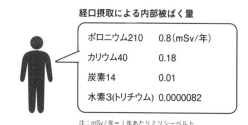

経口摂取による内部被ばく量

ポロニウム210	0.8 (mSv/年)
カリウム40	0.18
炭素14	0.01
水素3(トリチウム)	0.0000082

注：mSv/年＝1年あたりミリシーベルト

は、カリウム40がベータ線とガンマ線を出すのに、ポロニウム210は体への影響が大きいアルファ線を出すからです。

カリウムは食べ物から毎日摂取していて、1日平均は約2.7g、そのうちカリウム40は81.5Bq です。カリウム40の被ばく量は、食べ物由来の天然放射性物質の約5分の1をしめています。

炭素14は宇宙線によって作られますが、1960年代に大気圏内核実験で作られたものが残っていて、約20％は核実験由来です。

---

[3]　体内のそれぞれの放射性核種の被ばく量は国連科学委員会が報告しているが、ルビジウム87については1993年以降に記述がなくなった。そのため、ここにはルビジウム87の被ばく量は含まない。

[4]　ポロニウム210は、海水の中のウラン238の崩壊で作られ、魚介類に蓄積する。ポロニウム210の被ばく量のうち、約70％は魚介類、約20％は野菜・きのこ・海藻。

[5]　放射能の単位はベクレル、被ばく量の単位はシーベルト。

◎体内のカリウム40の量は環境や食習慣にほとんど関係しない

カリウム40は体内の天然放射性物質の中で放射能がもっとも大きく、右の表のようにさまざまな食品に含まれています。きざみ昆布や干ししいたけ、するめが多くなっていますが、いずれも乾燥させているからです*6。ただ、昆布やしいたけを水でもどし、料理して食べても量は限られていますから、心配する必要はありません。

食物の中のカリウム40の量

食品	Bq/kg	食品	Bq/kg
かつお(生)	123	若鶏手羽	36
まいわし(生)	102	ほうれんそう(生)	222
さんま(生)	42	にんじん(生)	120
めじまぐろ(生)	147	干ししいたけ	630
するめ	330	牛乳	45
きざみ昆布	2,130	清酒	1
牛肉(ひき肉)	84	ビール	11
豚肉(ひき肉)	93	ウイスキー	0

出典：安齋育郎『放射能そこが知りたい』かもがわ出版（1988年）

カリウム40はガンマ線を出すので、体内の存在量をホールボディカウンタという検出器で測ることができます（下の図）。測ってみると、**カリウム40の量は個人の環境や食習慣とはほとんど関係しないことがわかります。必須元素のカリウムは、体内での必要量が性別や年齢などで決まっていて、環境や食習慣とは関係しないからです*7**。

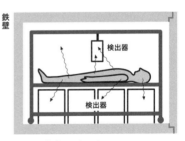

ホールボディカウンタ

出典：安齋育郎『からだの中の放射能』合同出版

＊6　乾燥させると水分が抜けるので、1kgあたりのカリウム40の量が多くなる。
＊7　炭素14と水素3も、体内の存在量は環境や食習慣とはほとんど無関係に決まっている。

◎ポロニウム210の摂取量は地域や食習慣で違っている

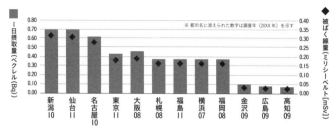

**食品からのポロニウム210の
摂取量・被ばく量**

出典：杉山英男ら「食品由来の放射性核種の暴露評価研究」
（厚生労働科学研究補助金平成23年度分担研究報告書）をもとに作成

　一方、ポロニウムは必須元
素ではありませんから、体内
の存在量は調節されていませ
ん。上の図は、食品からのポ
ロニウム210の摂取量と被ば
く量を調べた結果です。

　右の図は食品別のポロニウ
ム210摂取量で、魚介類が大
部分をしめています。**先ほど、日本人のポロニウム210の被ばく
量が世界平均より多いと書きましたが、日本人が魚介類をたくさ
ん食べていることが原因なのです***8。

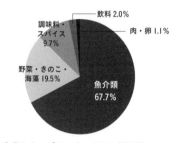

食品からのポロニウム210の摂取量

出典：Hideo Sugiyama et al.,J.Toxicol.Sci.,Vol.34,No.4,pp.417-425
（2009）から作成

　魚介類のポロニウム210は、肝臓などの内臓に多く含まれてい
ることがわかっています。そのため、魚の肉のところだけを食べ
た場合と、魚全体を食べた場合では摂取量は異なります。

＊8　だからといってポロニウム210を気にして、魚を食べるのをやめたり減らしたりす
　　　る必要はない。

5 密閉性のいい家は放射性物質が多い？

岩や土から、放射性ガスのラドンが染み出してきています。緯度の高い国は防寒のために密閉性が高いので、屋内のラドン濃度が高くなり、地下室があるといっそう濃度は高まります。

◎自然放射線による被ばくの半分はラドン

空気中にはラドンという、天然の放射性ガスがただよっています。ラドンは、岩や土の中に微量に存在するラジウムから作られて、空気中に染み出してきます。ラドンの吸入摂取による被ばく量は、自然放射線の半分をしめます（右の図）[1]。ラドンの被ばく量は、世界

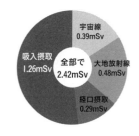

自然放射線の被ばく量の世界平均

平均は1年で1.26ミリシーベルト（mSv）ですが、日本は0.48 mSvと半分以下です。なぜ、こんなに違うのでしょうか。

ラドンが岩や土から染み出す量は場所によってかなり違っていますし、染み出したラドンは風通しがいい場所では空気で薄まります。屋内では、密閉性がいい家屋ではラドンがかなり高い濃度になりますが、日本の家屋は風通しがいいのでラドン濃度はあまり高くなりません。そのため、ラドンの被ばく量が少ないのです。

---

[1] 吸入摂取による被ばくの大部分は、ラドンによるものである。ラドンよりはるかに少ないが、喫煙による鉛210、ポロニウム210の摂取やウランなどの摂取もある。

◎家が何でできているのかでラドン濃度が違っている

地面から空気中にしみ出したラドンは、家屋の床を通して家の中に入ってきます。コンクリートなどの建材もラドンを出しているので、風通りのよさとともに、家を作る材料によっても屋内のラドン濃度は変わってきます。

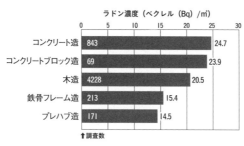

構造材別の屋内ラドン濃度の年平均値

出典：藤元憲三ら，保健物理，Vol.32, No.1, pp.41-51（1997）をもとに作成

◎緯度が高い国は屋内ラドン濃度が高い

緯度が高いところでは、防寒のために密閉性が高い家が作られていて、屋内のラドン濃度が高い傾向があります。右の図は国別のラドン濃度と緯度の関係を示しています[*2]。緯度が高いほど、ラドン濃度が高いのがわかります[*3]。

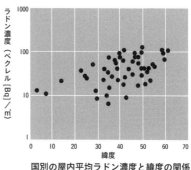

国別の屋内平均ラドン濃度と緯度の関係

出典：国連科学委員会 2000 年報告書

＊2　縦軸は対数の目盛になっているので、目盛が1つ大きくなると10倍になる。

＊3　欧米の家屋には地下室があることが多く、地下室は土にかこまれていてコンクリートにはひびが入ることが多いので、ラドンが侵入してくる。そのため、ラドン濃度が1立方メートルあたり1000ベクレル（Bq/㎥）以上になる家もある。

天然の放射性核種をたくさん含む岩石を建材に使うと、屋内のラドン濃度はさらに高くなります[4]。

◎鉱山労働者の肺の奇病はラドンが原因だった

ラドンの被ばくが注目されたのは1980年代ですが、その500年ほど前からラドンによる放射線障害が起こっていました。

　チェコの国境近い森の中で16世紀に銀が見つかり、ヨアヒムシュタールと呼ばれる鉱山になって町ができましたが、鉱山労働者が次々と肺の奇病で亡くなっていきました。そのうちに新しい鉱石が見つかってピッチブレンドという名がつけられたのですが、この石が原因だとはだれも思いませんでした。

　20世紀に入って、奇病は肺がんであることがわかりました。その原因は、不十分な換気のため坑道の空気に大量にただよっていたラドンでした。1930年代になっても、ヨアヒムシュタール鉱山労働者の死亡者の40%が、肺がんであったと報告されています。1944年には、ここから山をはさんだ反対側の鉱山で、坑道の空気のラドン濃度が測定され、平均で1立方メートルあたり10万ベクレル（Bq/㎥）という非常に高い値が出たのです。

　1970年から80年にかけて他の鉱山でも調査がおこなわれた結果、**坑道内のラドン濃度が高いと、鉱山労働者に肺がんが増加することはほぼ確実であると考えられるようになりました。**

　それでは、家屋のラドン濃度が高い場合はどうでしょうか。**家屋内のラドン濃度と肺がんの関係を調べた研究はいろいろありますが、肺がんが増えているという証拠は出てきませんでした**[5]。

＊4　ウランの含有量が高い岩石を含んだ軽量コンクリートを外壁にしているスウェーデンの家屋や、ウランを含む石炭かすで作った旧チェコスロバキアの家屋がその例。
＊5　アメリカの環境保護局は、「ラドン濃度が148 Bq/㎥を超えるなら、換気などでそれ以下になるように手を打とう」というガイドラインを出している。

◎雨が降ると空気中の放射線量が増える

　雨が降ると、空気中の放射線量が急に増えます。下の図は、降雨量と放射線量の関係を示したもので、棒グラフの1本は10分あたりの降雨量です。棒が6本で1時間ですから、時間の推移が見てとれると思います。

　雨が降り始めると放射線量が上がって、降りやむと短時間でもとの放射線量に戻っていますね。これは、**空気中をただようラドンが崩壊してできた鉛214とビスマス214**[*6]**という放射性核種が、雨によって地面の近くに落ちてきたため、それらが出すガンマ線で放射線量が高くなっている**のです。

　鉛214の半減期は26.8分、ビスマス214も19.9分と短いので、上空からの供給がとまれば、すみやかに崩壊してなくなっていきます。そのため、雨がやむと短時間で放射線量は下がります。この現象は雨が降るたびに、大昔からくり返されてきました。

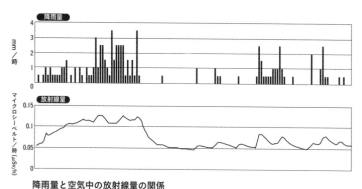

降雨量と空気中の放射線量の関係
石川県羽咋市での2013年11月19〜20日の測定値

＊6　気体のラドンは雨に溶けにくいが、鉛214とビスマス214は固体で、空気中のちりなどに取りこまれてただよっている。そのため雨が降ると、ちりなどとともに鉛214とビスマス214も雨に溶けこんで地上へと降り注いでくる。

6 筋肉が多いほど放射能が強い？《カリウム40》

体の中のカリウム40から、1時間に約160万本のガンマ線が飛び出してきます。カリウム40の放射能が女性より男性のほうが強いのは、カリウムが主に筋肉に含まれているからです。

◎生き物は安定なカリウムと放射性カリウムを区別できない

カリウムは生物が生きていくのに必要な元素（必須元素）で、細胞内外の水の輸送、生命維持のための信号伝達、筋肉の収縮など多様な役割を担っています。人体では筋肉の1.6％、赤血球の0.4％をカリウムがしめています。**全身では体重の0.2％がカリウムで、60キログラム（kg）の人だと120グラム（g）が含まれていて、食べ物からカリウムを1日に2〜7g摂取しています。**

カリウムには3種類の同位体[*1]があり、0.012％をしめるカリウム40は放射性同位体です（下の表）。カリウム40原子のうち89％は、ベータ・マイナス崩壊でカルシウム40に変わります。残りの11％は電子捕獲でアルゴン40に変わり、その際にガンマ線を出します[*2]（次ページの図）。

同位体	存在比（％）	陽子数	中性子数	半減期
カリウム39	93.2581	19	20	安定
カリウム40	0.0117	19	21	12億7700万年
カリウム41	6.7302	19	22	安定

*1　同じ元素でも中性子の数が違ったものを、同位体という。同位体の中でも、不安定で放射線を出して別な元素に変わる性質をもつものを放射性同位体という。

*2　ベータ・マイナス崩壊は電子が原子核から出てきて（ベータ線）、原子番号が1つ大きい原子になる。電子捕獲は原子核のまわりを回っている電子が原子核に落ちていき、その際にガンマ線を出して、原子番号が1つ小さい原子になる。特定のカリウム40の原子が、どちらの崩壊をするかは事前にわからない。

　3つの同位体の化学的な性質は同じなので、生き物は放射性カリウムと安定なカリウムを区別することができません。**食べ物のカリウムのうち0.017％は必ずカリウム40なので、体の中にもその割合で放射性のカリウム40が存在しています。**

◎体の中からカリウム40のガンマ線が飛び出している

　カリウム40から出るガンマ線は体の外に素通りしてくるので、体の外から測定できます（下の図）。

　右のほうに、カリウム40の大きな山（ピーク）が見えますね。あなたの体で測定しても、このようなカリウム40の山が見えます。一方、中ほどにセシウム137の小さな山があります。この図は1970年頃に測定されたものなので、大気圏内核実験で放出されたセシウム137が体の中に残っていたのです。ですから、あなたが測定してもセ

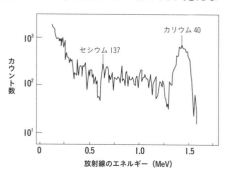

人体から出ている放射線

出典：舘野之男「放射線と人間」の図を一部改変

シウム137の山は見られません。

体の中ではカリウム40が、1秒に約4000個崩壊しています。
そのうちガンマ線を出して、アルゴン40に変わるのは約450個です。1時間では体から、約160万本のガンマ線が出てきています。

残りの約3600個はベータ線を出します。ベータ線は短い距離しか飛ばないので体の外には出ず、そのかわりに内部被ばくをおこします。その量は1年に約0.2ミリシーベルト（mSv）で、内部被ばくの最大の原因がカリウム40なのです。

◎カリウム40の放射能は女性より男性が多い

成人では同じ年齢層で、女性より男性のほうが体重1kgあたりのカリウム量が多く、カリウム40の放射能が強いことが知られています（図の左）。

体内のカリウム40に男女差があるのは、筋肉の量が違っているからです。カリウムは主に筋肉に含まれていて、脂肪組織には含まれないので、筋肉が多い男性でカリウム40が多いのです。

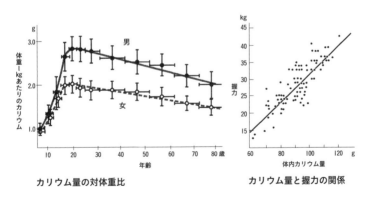

カリウム量の対体重比　　カリウム量と握力の関係

出典：安齋育郎「からだのなかの放射能」の図を一部改変

年齢とともにカリウム40が減っていくのも、筋肉の減少のためです。図の右は、全身のカリウム量（横軸）と握力（縦軸）の関係です。カリウム40が多いほど、握力が強いことがわかります。

◎大昔は自然放射線量がずっと多かった

カリウム40は半減期12億7700万年で崩壊していますから、時間をさかのぼると今よりたくさん存在していて、地球が誕生した46億年前には現在の約12倍ありました（右の図）。ウランやトリウムも多かったので、**自然放射線量は大昔のほうがずっと多かったのです。生き物はこのような自然放射線の中で、進化を続けてきました[4]。**

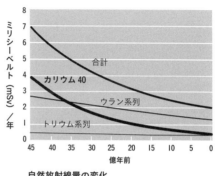

自然放射線量の変化

地殻には2.1％ほどのカリウムが含まれていて、その中のカリウム40が崩壊して熱[5]を出し続けています。日本列島の面積で、地下16kmまでのカリウム40の発熱量を計算すると、150万キロワット（kW）ほどになります[6]。カリウム40は、地殻に含まれるウランやトリウムなどと一緒に、地球を温め続けてきました。

＊4　こうした自然放射線や紫外線などが、大昔から細胞のDNAに傷をつけてきた。そのような環境の中で生きてきた地球上の生物は、DNAの傷を効率的に治す機能を進化させてきた。

＊5　放射性核種が崩壊する際には熱が発生し、これを崩壊熱という。

＊6　電気出力50万kWの原子力発電所が、150万kWの熱を発生させている。

7 放射能を測れば年代がわかる?《炭素14》

炭素14は半減期が短いのに今も存在しているのは、宇宙線が作り続けているからです。生物からできた物に含まれる炭素14の放射能を調べれば、作られた年代を知ることができます。

◎大気中で炭素14が作り続けられている

食べ物はその大部分が炭素の化合物[*1]で、私たちは1日に約300gの炭素を体に取りこんでいます。水を除く体重の約3分の2が炭素で、体重60キログラム(kg)の人だと約14kgが炭素です。

炭素には3つの同位体があって、炭素14は放射性核種です。**体内には約2500ベクレル(Bq)の炭素14があって、1年に約0.01ミリシーベルト(mSv)を被ばくしています。**

同位体	存在比（%）	陽子数	中性子数	半減期
炭素12	98.90	6	6	安定
炭素13	1.10	6	7	安定
炭素14	微量	6	8	5730年

炭素14の半減期は5730年で、地球の歴史（46億年）に比べるとずいぶん短いですね。地球が誕生した頃にあった炭素14ははるか昔になくなったはずなのに[*2]、なぜ今でも炭素14があるのでしょうか。それは、**炭素14が新たに作られ続けているからなのです。**

---

*1 炭水化物、脂質、タンパク質などがある。
*2 地球誕生のときに炭素14が「1」あったとすると、地球の年齢とともにどんどん減っていって、今では小数点以下にゼロが24万個以上並ぶという、とても小さい数になっている。

◎窒素14に中性子がぶつかると炭素14ができる

　炭素14の原料は、空気中にたくさんある窒素14です。空気の78.1％[*3]は窒素で、そのうち99.63％が窒素14ですが、これに中性子がぶつかると炭素14ができるのです[*4]。この中性子はどこから供給されているのかというと、地球に飛んでくる宇宙線です。

　炭素14はベータ線を出して、また窒素14に戻っていきます。

◎炭素14を使えば年代がわかる

　中性子がぶつかってできた炭素14は上空で二酸化炭素になり、安定な炭素でできた二酸化炭素と混ざって空気中に広がります。光合成生物は空気から二酸化炭素を取りこんで、体の中に炭素の化合物として蓄積します。放射性でも安定でも炭素の化学的な性質は同じなので、生物は両者を区別せずにためこんでいきます。

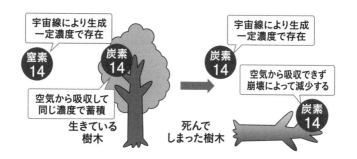

＊3　空気のうち、窒素は体積で78.1％、重量で75.5％をしめている。次に多い酸素は、体積で21.0％、質量で23.0％をしめている。

＊4　窒素14に中性子がぶつかると、原子核から陽子1個が飛び出して、炭素14になる。その際に、原子番号が1つ小さくなり、質量数は変わらない。

生物が生きているときは、体内と空気中の炭素14は同じ濃度のままです。ところが**生物が死ぬと炭素を取り入れることができなくなり、その時点で体内にあった炭素14は5730年の半減期で減っていきます。**つまり、5730年前に死んだ生物は炭素14が2分の1に、1万1460年前に死んだ生物は4分の1に減少しています。

この減少量を測定すれば、その生物が何年前まで生きていたのかを推定することができます[*5]。生物の体には必ず炭素が含まれていますから、この方法を使える範囲はとても広いのです。

◎麺の起源はヨーロッパより中国が古かった

炭素14による年代測定でわかったことを、2つご紹介します。

1つは、中国とイタリアで続いていた麺の起源論争[*6]です。これを決着させたのが、中国の新石器時代後期の遺跡から発見された、丼の底に残ったラーメンのような化石でした。炭素14年代測定をしてみたら、この麺の材料になった植物は約4000年前に刈り取られていたことがわかりました。4000年前は、ヨーロッパ最古のパスタの証拠よりも、1000年以上も古かったのです[*7]。

もう1つは、イタリアの「トリノの聖骸布（せいがいふ）」です。この布には血が染みついていて、磔（はりつけ）にされたキリストの遺体を包むのに使われたと言い伝えられていました。この布は、14世紀に見つかったというのですが、当時から本物かどうか論争が続いていました。年代測定の結果、布を織るのに使われた繊維は13〜14世紀に育った植物のものだとわかり、ニセモノだということになりました。

---

*5　これを「炭素14による年代測定（炭素14法）」という。約5万年前（半減期のおよそ10倍）まで、この方法で年代を調べることができる。

*6　中国人は「麺はシルクロードを通ってヨーロッパに伝わった」と主張し、イタリア人は「シルクロードを通って中国に伝わった」と主張して論争が続いていた。

*7　ただ、イタリア人はこの結果に納得していないそうである。

◎太陽の活動と地球の気候変動も炭素14でわかる

　炭素14は宇宙線の中性子で作られますが、宇宙線の量は太陽の活動と関係していることが知られています。太陽の活動が活発であるほど、宇宙線が減るのです[8]。宇宙線が減ると炭素14も減るので、樹木の年輪に含まれる炭素14の放射能を年代ごとに調べれば、太陽の活動の変化も知ることができます。

　1500年ほど前まで年輪の炭素14を調べた結果、100年から300年に一度、太陽活動が極端に低下していることがわかりました。太陽活動の低下は地球の環境にも大きく影響し、寒冷になって日本でも飢饉を引き起こしました[9]。太陽活動は11年のサイクルで変動していますが、活動が低下するとサイクルが14年ほどに長くなり、活発になると9年ほどに短くなることもわかりました。

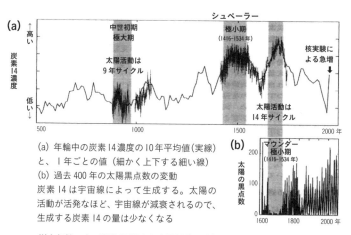

(a) 年輪中の炭素14濃度の10年平均値（実線）と、1年ごとの値（細かく上下する細い線）
(b) 過去400年の太陽黒点数の変動
炭素14は宇宙線によって生成する。太陽の活動が活発なほど、宇宙線が減衰されるので、生成する炭素14の量は少なくなる

樹木年輪の中の炭素14濃度と太陽活動の関係

出典：宮原ひろ子 , 地学雑誌 , Vol.119, No.3, pp.510-518（2010）の図を一部改変

＊8　太陽から飛んでくる放射線（太陽放射線）は宇宙線をさえぎるため、太陽の活動が活発なときは太陽放射線の量が多くなり、地球に降り注ぐ宇宙線が少なくなる。太陽の活動が活発なときは、太陽の表面に現れる黒点の数も多くなる。
＊9　17世紀に発生したマウンダー極小期には、夏になっても暑くならず、現在では冬でも凍結しないテムズ川（イギリス）が凍ったことが記録に残っている。

8 涙ひとしずくに数千個入っている?《水素3》

水素3は宇宙線が作った中性子が、空気中の窒素や酸素の原子核にぶつかってできます。核実験ははるかに多い水素3を作って地球上にばらまき、地下水などにそれが残っています。

◎水素3が出すベータ線のエネルギーはとても小さい

水素は宇宙でもっとも多い元素で、地球では大部分が海の水として存在しています。太陽は水素のかたまりで、水素の核融合反応[1]で発生するエネルギーが、太陽の光や熱の源になっています。

水素には3つの同位体があって、水素3が放射性です。水素は、質量数2の同位体（水素2）にデューテリウム（D）、水素3にトリチウム（T）という名前がついています。これは、他の元素よりも同位体の違いで性質の差[2]が大きいからです。

体重60キログラム（kg）の人の体内には約360億個の水素3があって、1秒間に60個ほどベータ崩壊をします。 そのベータ線はエネルギーがとても小さく、体内で約0.001ミリメートルしか飛びません。1年間の被ばく量は0.0000082ミリシーベルト（mSv）です。

同位体	存在比（%）	陽子数	中性子数	半減期
水素1（H）	99.985	1	0	安定
水素2（D）	0.015	1	1	安定
水素3（T）	微量	1	2	12.33 年

*1 原子核どうしが反応して、反応の前よりも重い原子核ができること。太陽や恒星が出しているばく大なエネルギーは、核融合反応で作り出されている。水素の核融合反応でヘリウムができる。
*2 この差を同位体効果という。原子番号が大きくなるほど同位体効果は小さくなる。

◎天然の水素 3 は宇宙線が作っている

　水素 3 の半減期は12年しかありません。それなのに地球上に存在しているのは、炭素14と同じように新たに作られ続けているからです。**水素 3 は主に、宇宙線から生まれた中性子が、大気中の窒素や酸素の原子核にぶつかって反応して作られています**[*3]。

　宇宙線が作った水素 3 の量は地球全体で 3 kgであり、作られる量と崩壊する量がつり合っています（平衡存在量といいます）。3 kgの水素 3 の放射能は、1000ペタベクレル（PBq）[*4]になります。この水素 3 が水になって[*5]、コップ 1 杯の水には約 1 億個、涙のひとしずくには数千個ほどが含まれています。

◎核兵器で大量の水素 3 が作られた

　宇宙線よりもけた違いにたくさんの水素 3 を作るのが、核兵器（特に水爆）です。TNT火薬換算 1 メガトンの核爆発で[*6]、500 PBqほどの水素 3 が作られると推定されています。

　部分的核実験禁止条約が発効する直前の1961年から62年には、「かけこみ実験」といわれる大気圏内核実験が次々とおこなわれて、1961年には約120メガトン、62年には約220

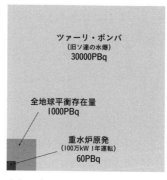

水素 3 （トリチウム）量の比較

---

*3　そのほかに、宇宙線に含まれる陽子が空気中の原子核にぶつかって破砕してできたものや、太陽などから直接やってくるものもある。

*4　ペタは数字の大きさの単位で、1,000,000,000,000,000（10の15乗）のこと。

*5　トリチウム水という。

*6　1 メガトンは100万トン。広島に投下された原爆は、TNT 換算で 15 キロトン（1 万5 千トン）と推定。

メガトンの核兵器が爆発しました。中でも最大のものが旧ソ連の
ツァーリ・ボンバ[7]で、50メガトンの爆発で3万PBqの水素3
が作られたと推定されます。宇宙線が作った全地球平衡存在量の
30倍が、たった1発の核兵器によって作られたのです。

　水素3は原発でも作られ、カナダや韓国で使用されている重水
炉[8]では、100万kW級の1年運転で60PBqが発生します。

◎核実験で大気中の水素3濃度が1000倍に増えた

　1945〜80年に大気圏内核実験で地球上にばらまかれた水素3
の総量は、18万6千PBqと推定されています。1950年頃には、
大気中の水素3濃度（HT）[9]は1立方メートルあたり0.0001ベク
レル（Bq/㎥）以下でした。ところが大気圏内核実験が始まると
HT濃度は急上昇し、1960年のはじめから1970年代のはじめにか
けて、0.1Bq/㎥を超えるまでになりました[10]。

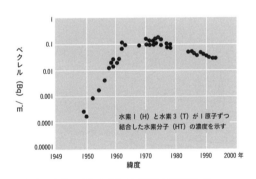

水素1（H）と水素3（T）が1原子ずつ
結合した水素分子（HT）の濃度を示す

大気中の水素3（トリチウム）濃度の移り変わり

出典：宇田達彦・田中将裕，核融合研究，Vol.85, No.7, pp.423-425（2009）の図を一部改変

＊7　ツァーリ・ボンバは「核兵器の皇帝」の意味。その衝突波は地球を3周した。
＊8　原発で効率よく核分裂反応をおこなうためには、中性子のスピードを下げる（減速
　　　する）必要があり、重水炉は減速材に重水（水素2と酸素が結合）を使っている。
　　　水素2の原子核に中性子が取りこまれると、水素3になる。
＊9　水素1と水素3が、1原子ずつ結合してできた水素分子。
＊10　核実験由来の水素3は1990年頃にも、約6万PBqが残っていた。

◎地下水の中に残っていた核実験の水素3

　核実験の影響は、地下水にも残っていました。下の図は金沢市で1984 ～ 85年に、井戸水の水素3濃度を測ったものです。その結果は、①深層水（地下150 m）で水素3は検出されなかった、②中層水（同70 ～ 90 m）は水素3濃度が高い、③山から流れてくる川の水は深層水より水素3濃度が低い、④浅層水（同10 m）は河川水よりさらに低い、というものでした。

　ここから、深層水は水素3が崩壊してほとんど残っていない、中層水には核実験の影響で雨の水素3が高かったころの水がかなり残っている、浅層の地下水は最近の雨からできたものである、ということがわかります。**大気圏内核実験の痕跡は、20年以上たった後でも地下水にはっきり残っていた**のです。

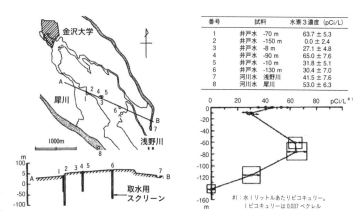

番号	試料		水素3濃度 (pCi/L)
1	井戸水	-70 m	63.7 ± 5.3
2	井戸水	-150 m	0.0 ± 2.4
3	井戸水	-8 m	27.1 ± 4.8
4	井戸水	-90 m	65.0 ± 7.6
5	井戸水	-10 m	31.8 ± 5.1
6	井戸水	-130 m	30.4 ± 7.0
7	河川水	浅野川	41.5 ± 7.6
8	河川水	犀川	53.0 ± 6.3

#1：水1リットルあたりピコキュリー。
　1ピコキュリーは 0.037 ベクレル

金沢市で採取した井戸水の水素3（トリチウム）濃度 [1984, 85年]

出典：阪上正信 , 核融合研究 , Vol.54, No.5, pp.498-511 （1985）

9 20億年前に天然の原子炉が動いていた？《ウラン》

> 原爆と原発は核分裂連鎖反応で放出される核エネルギーを使いますが、反応の進め方が違います。アフリカのオクロ鉱山では、天然原子炉が動いていた化石が見つかりました。

◎ウランは陶磁器やガラスの着色に使われていた

ピッチブレンド[*1]を研究していたベルリン（ドイツ）の薬剤師・クラップロートが、この石からウランを見つけたのは1789年のことでした。新元素には、当時話題の新惑星天王星（ウラヌス）にちなんで名前がつけられました。その頃、ウランは危険なものとは思われず、陶磁器やガラスの着色などに使われていました。ガラスに酸化ウランを加えると、黄緑色の鮮やかな蛍光を放つからです。**フランスのベクレルが、ウランが放射能をもっていることを見つけたのは1896年で、ウランの発見から100年以上がたっていました**[*2]。

天然のウランには３つの同位体があって、すべて放射性です。３つの同位体はすべて、アルファ線を出してトリウムの同位体になり（次ページの図）、その後も延々と崩壊を続けていきます[*3]。

同位体	存在比（%）	陽子数	中性子数	半減期
ウラン234	0.005	92	142	24万5700年
ウラン235	0.720	92	143	7億380万年
ウラン238	99.275	92	146	44億6800万年

＊1　ウランを含む鉱石。最初に見つかったときに亜鉛か鉄を含むだろうと考えられたが、どちらもなかったので、"役に立たないもの"を意味する「ピッチ」に、輝きをもつ鉱石の「ブレンド」をくっつけて、ピッチブレンドと名づけられた。
＊2　「1-7　放射線はだれが発見したの？」をご参照ください。
＊3　「1-6　放射線を出しても安定にならない原子がある？」をご参照ください。

◎ウランの金属毒性はヒ素と同じくらい

　人の体内には約60マイクログラムのウランが存在し、骨に66％、肝臓に16％、腎臓に8％が分布しています。深さ30センチメートルまでの土の中には1平方キロメートルあたり1.4トンのウランが存在し、地殻表面付近（20キロメートル以内）の全地球存在量は約100兆トンとされています。

　水に溶けやすいウラン化合物は腎臓の障害などを起こし、その化学毒性はヒ素[*4]と同程度といわれています。一方、水に溶けないウラン化合物は、呼吸で肺に取りこまれた後にウランと娘核種[*5]がアルファ線を出し続けるため、がんの原因となります。

◎ウラン235は核兵器の原料や原発の燃料になる

　ウランの驚くべき性質がわかったのは、第二次世界大戦が始まった1939年でした。ドイツのハーンとシュトラスマンが**ウランに中性子をぶつけたところ、原子核が真っ二つに割れてすさまじいエネルギーが放出されたのです。**その6年後、原子爆弾が広島と長崎に投下されて、多くの人々が亡くなりました。

　天然ウランのうち99％以上をしめるウラン238は核分裂を起こしにくく、ウラン235は容易に核分裂連鎖反応[*6]をします。

＊4　物質そのものの毒性を化学毒性といい、放射線を出すことによる毒性（放射線毒性）と区別している。なお、炭素と結合していないヒ素（無機ヒ素）は化学毒性が特に強く、中世には暗殺のための毒薬としてしばしば使われた。

＊5　放射性崩壊の後も放射能をもつ核種を、娘核種という。

＊6　ウラン235が核分裂すると中性子が2〜3個飛び出し、次の核分裂の引き金となる。これが連続的に起こって、核分裂が継続的に進むのを、核分裂連鎖反応という。

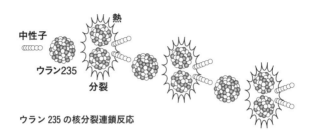

ウラン 235 の核分裂連鎖反応

　原爆と原発（原子炉）は、いずれも核分裂連鎖反応で放出される核エネルギーを使っていますが、その際の反応の進め方が違います。原爆はできるだけ短時間に、速い中性子によってネズミ算式に核分裂反応を起こさせます。一方、原発（原子炉）は核分裂で出てくる中性子の一部を制御棒で吸収し、ネズミ算式に核分裂が増えないようにします。中性子は水などで減速して核分裂がとぎれないように調整し、じわじわと核反応を継続させます。

　核分裂連鎖反応を起こすウラン235の含有率を、天然ウランより高くすることを濃縮といいます。原発のウラン燃料はウラン235を３％ほどに濃縮し、低濃縮ウランといいます。一方、核兵器のウラン235は90％以上に濃縮し、高濃縮ウランといいます[7]。

ウラン 235 含有率の比較

＊7　ウラン235の含有率は、ウランに含まれているウラン235の割合をいう。ウラン235を濃縮した後の廃棄材は天然ウランより濃縮度が低いので、劣化ウランといわれる。

◎生き物がいたから天然原子炉ができた

ウラン235の半減期はウラン238の6分の1なので、年代をさかのぼるとウラン235の含有量は高くなり、約20億年前には原発の燃料と同じ3%になります（右の図）。**その時代に核分裂連鎖反応が持続できる条件があれば、天然の原子炉が存在していたはずだと予言したのが黒田和夫です**[8]。

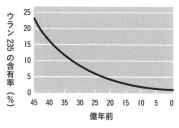

ウラン 235 含有率の推移

16年後にオクロ鉱山[9]で黒田の予言通り、天然原子炉の化石が見つかりました[10]。そのウラン鉱床は、岩石中の微量なウランが水に溶けて運搬され、そこで沈殿したものでした。ウランが水に溶けるには酸素が必要なのですが、それは光合成をする生物が作ったものでした。生き物がいたから天然原子炉が生まれたのです。

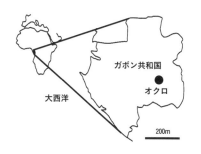

オクロでウラン鉱床ができた頃、まわりにたくさんの水があるなどの条件が整って、天然原子炉が動き出しました。この原子炉は約30分動いた後に、水が蒸発して数時間停止し、地下水がたまるとまた動くというサイクルを、60万年ほど続けたようです。夜になると、原子炉から青白い光[11]が見えたはずです。

＊8　黒田は 1956 年に天然原子炉の存在についての論文を発表した。
＊9　オクロ鉱山は、中央アフリカ・ガボン共和国にある。
＊10　きっかけはウラン 235 含有量が少ない奇妙なウラン鉱石が見つかったことだった。天然原子炉でウラン 235 が消費されたために、ウラン 235 含有量が低くなった。
＊11　チェレンコフ光といい、旧ソ連のチェレンコフが 1934 年にこの光を発見した。

10 核実験でできて体内に蓄積した？
《セシウム137》

> セシウム137は核実験がされるまで、地球上にほとんどありませんでした。セシウム137は核分裂でたくさんでき、半減期が長いので、とてもやっかいな放射性核種です。

　これまでご紹介してきたカリウム40、炭素14、水素3、ウランはいずれも、人が誕生するはるか以前から地球に存在していた放射性核種です。しかし、**セシウム137は核実験がされる前に、地球にはほとんど存在していませんでした**[*1]。また、原子炉で生成するセシウム134も、原子炉が稼働する以前は存在しませんでした。そのため、これらは人工放射性核種といわれています。

　セシウム[*2]**はカリウムと化学的な性質が似ているので、セシウムが食物連鎖に入るとカリウムと同じように動きます。** 私たちは食べ物から1日に約0.03ミリグラム（mg）のセシウムを摂取し、全身には約6 mgあります。天然のセシウムは100％が安定なセシウム133で、放射性セシウムはすべて人間が作ったものです。中でもセシウム137は、とてもやっかいな性質をもっています。

同位体	存在比（%）	陽子数	中性子数	半減期
セシウム133	100.0	55	78	安定
セシウム134	－	55	79	2.065年
セシウム137	－	55	82	30.04年

＊1　ウラン238は自発核分裂（原子核に中性子をぶつけたりしなくても、ひとりでに起こる核分裂）を起こすことがあり、その際に生成したセシウム137がきわめて微量だが存在している。

＊2　セシウムは、正確な時間を刻む原子時計や、DNAを用いた研究での遠心分離などに使われている。

◎大量にできて半減期が長い、やっかいなセシウム137

セシウム137がやっかいな理由の１つは、核分裂で大量にできることです。右の図は、核分裂でどの核種がどれくらい作られるかを示します[3]。セシウム137は、ウラン235が100個核分裂すると約６個生成します。

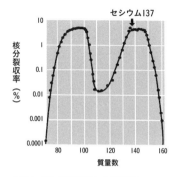

ウラン235の核分裂と生成核種

もう１つは、30年という半減期です。核実験で作られた放射性核種は、成層圏に押し上げられた後、そこをぐるぐるとめぐっています。半減期が短い核種は、成層圏をめぐるうちになくなります。しかし、**セシウム137のような半減期が長い核種は成層圏にずっと残っていて、対流圏に少しずつ落ちてきます[4]。**

そのセシウム137は植物に取りこまれ、それを動物が食べて、その動物の乳や肉を食べた人間に入って体内に蓄積します。

日本人の体内セシウム137の量

出典：安斎育郎『からだのなかの放射能』合同出版（2011年）

＊3　横軸は核分裂で作られる核種の質量数、縦軸はウラン235が100個核分裂したときに生成される原子数（核分裂収率）である。縦軸は対数目盛なので、目盛が１つ増えるごとに収率は10倍になる。分布の様子は、ウサギの２つの長い耳が立っているのにたとえられる。

＊4　地上から高さ10～16kmまでは対流圏と呼ばれ、雲や降水などの天気現象はここで起こる。対流圏より上では対流が起こりにくく、成層圏と呼ばれている。

◎セシウム134とセシウム137はでき方が違う

セシウム134とセシウム137は、同じ放射性核種でもでき方がまったく違います。セシウム137は核分裂でできるので、原子炉と核兵器の両方で生成します。一方、セシウム134は、核分裂でできたセシウム133[*5]の原子核に、１個の中性子が加わってできます。そのためには原子炉のような、核反応が継続して中性子が飛び続けている環境が必要になります。ですから、一瞬で核反応が終わってしまう核兵器では、セシウム134は作られないのです。

放射性セシウムにセシウム134が含まれているかどうかで、原子炉由来か核兵器由来かがわかります。福島第一原発事故の後に、事故の影響がほとんど及んでいない地域で放射性セシウムを含むキノコが見つかりました。そこには**セシウム137しか含まれていなかったので、大気圏内核実験の影響だったとわかりました。**

セシウム134とセシウム137の比から、原子炉の運転状況もわかります。福島第一原発事故ではセシウム134とセシウム137はほぼ１対１でしたが、チェルノブイリ原発事故では１対２でした。この違いは、福島第一原発のほうが原子炉の運転時間が長く、そのためにセシウム134の生成量が多かったからです。

＊5　詳しく書くと、ウラン235の核分裂で放射性のキセノン133ができ、キセノン133がベータ・マイナス崩壊を起こして、セシウム133ができる。

◎事故後に放射性セシウムはおよそ 3 年で半減した

福島第一原発事故の後、「放射性セシウムの半減期は30年だから、30年たたないと半分にならない」という話があったようです。セシウム137の半減期が30年だからだと思いますが、実際は放射性セシウムの半分は、半減期が2年のセシウム134でした。そのため放射性セシウムの放射能は、約6年で半分に減っていきました（上の図の①＋②の太線）。

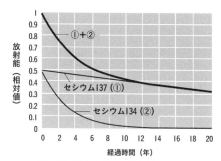

福島第一原発事故後の放射性
セシウムの放射能の経時変化

さらに、セシウム134のほうが放射線のエネルギーが強いため、事故直後のセシウム134と

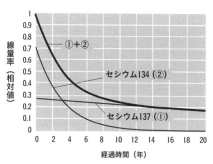

福島第一原発事故後の放射性
セシウムの線量率の経時変化

セシウム137の放射線量の比は、73対27でした。このことも踏まえると、**放射線量は 3 年で半減し、6 年で 3 分の 1、10年後には 4 分の 1 に減少します**（下の図の①＋②の太線）。降雨や降雪なども放射線量を減らす効果があるので、実際はもっとはやく放射線量が減少していることがわかっています。

11 骨にたまってなかなか減らない？
《ストロンチウム90》

> ストロンチウム90は核反応でたくさん生成し、半減期も長いうえ、体内に入ると骨に蓄積して出ていきません。そこで放射線を出し続けて、がんなどを発生させる原因になります。

　ストロンチウムは私たちの体の中で何の役割ももっていませんが、食事で1日に約2ミリグラム（mg）を摂取して[*1]、全身に約300mg存在しています。**必須元素でないのにこれだけ体内にあるのは、必須元素のカルシウムと化学的性質がとても似ているからで、一緒に体内に取りこまれた後に骨に蓄積します**[*2]。

　天然のストロンチウムは、すべて安定な同位体でできています。とても危険でやっかいな放射性核種として知られているストロンチウム90は、核実験がされる前には地球にほとんど存在していませんでした[*3]。

同位体	存在比（%）	陽子数	中性子数	半減期
ストロンチウム84	0.56	38	46	安定
ストロンチウム86	9.86	38	48	安定
ストロンチウム87	7.00	38	49	安定
ストロンチウム88	82.58	38	50	安定
ストロンチウム89	—	38	51	50.53 日
ストロンチウム90	—	38	52	28.74 年

＊1　ストロンチウムを多く含む食品は、キャベツ（乾燥重量比で45 ppm、以下同じ）、タマネギ（59 ppm）、レタス（75 ppm）などがある。

＊2　人体に含まれるストロンチウム濃度は、血液が30 ppb（ppbは10億分の1）、組織中が120〜350 ppbなのに対して、骨は35〜140 ppm（ppmは100万分の1。すなわち1 ppm＝1000 ppb）と高くなっている。

＊3　ウラン238の自発核分裂で生成したストロンチウム90がきわめて微量存在する。

◎ベータ線しか出さないので測定するのがとても大変

　ストロンチウム90はベータ線を出してイットリウム90に変わり、イットリウム90もまたベータ線を出してジルコニウム90に変わって、やっと安定な同位体になります。

　放射性セシウムはガンマ線を出すので、土壌や食品などに含まれる量は容易に測定でき、あまり熟練は必要としません[*4]。しかし、**ストロンチウム90はベータ線しか出さないので、測定は図のような操作で1か月ほどかかり、高度な技術も必要になります[*5]。これが、ストロンチウム90がやっかいな理由の1つです。**

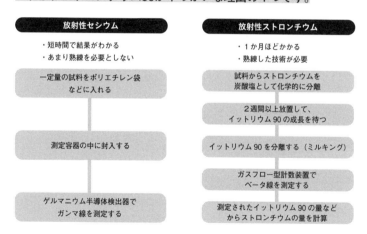

---

*4　環境試料の放射能分析はそれなりの経験が必要。中でもストロンチウムのようにガンマ線を出さない核種の分析は、多くの試料を分析してきた熟練者のデータでないと信用できない。

*5　ベータ崩壊で出てきた電子（ベータ線）は1つひとつエネルギーが異なっているので、エネルギーを測っても核種はわからない。そのため核種の種類と量を知るには、ベータ線を出す核種を化学的に分離する必要がある。

◎原子炉にたまった量は同じでも事故でのもれ方はまったく違う

　ストロンチウム90は、ウラン235が100個核分裂するごとに約6個生成します。これは、セシウム137と似ていますね。実は、**セシウム137とストロンチウム90は核分裂収率*6と半減期がだいたい同じなので、原子炉の中にはいつも同じくらいの量がたまっています。**たくさんできるのに加えて、半減期が約30年と長いのも、やっかいな理由です。

　原子炉で量は同じでも、原発事故でのふるまいは違います。セシウムはストロンチウムより沸点が低いので揮発しやすく*7、事故で原子炉が高温になると外にすぐもれてきます。

　チェルノブイリ原発事故では、原子炉で黒鉛火災が起こって10日間も燃え続けたため、揮発しにくいストロンチウムもたくさんもれ出しました。一方、福島第一原発事故はそういった状況にはならなかったため、ストロンチウムの放出量は幸いにも少なかったのです。

1族（アルカリ金属）			2族（アルカリ土類金属）		
原子番号	元素名	沸点(℃)	原子番号	元素名	沸点(℃)
11	ナトリウム	882.9	12	マグネシウム	1090
19	カリウム	774	14	カルシウム	1480
37	ルビジウム	688	38	ストロンチウム	1384
55	セシウム	678.4	56	バリウム	1640

	チェルノブイリ	福島
セシウム134	約47	18
セシウム137	約85	15
ストロンチウム90	約10	0.14

大気への放出量の比較（単位はPBq）

※P（ペタ）は10の15乗。すなわち、1PBqは1,000,000,000,000,000Bq（ベクレル）。

出典：野口邦和ら『放射線被曝の理科・社会』かもがわ出版（2014年）の表を一部改変

---

*6　ウラン235が100個分裂したときに生成される原子数を、核分裂収率という。

*7　ウランの沸点は3745℃、プルトニウムは3232℃なので、沸点が1384℃のストロンチウムよりもさらに揮発しにくい。一方、ヨウ素の沸点は184℃なので、セシウム（沸点678℃）よりも揮発しやすい。

◎ストロンチウムは骨にたまると出ていかない

体内に取りこまれた放射性核種は、崩壊で減っていくほかに、生物の排せつ作用でも減っていきます。**排せつで半分に減る時間を生物学的半減期（T_b）といい、放射性かそうでないかで違いはありません。**これと区別するために、崩壊の半減期は物理的半減期（T_p）ともいいます。崩壊と排せつを合わせた半減期が実効半減期（T_{eff}）で、下記の式で計算できます（下の表）。

核種	問題となる臓器・組織	物理的半減期（T_p）	生物学的半減期（T_b）	実効半減期（T_{eff}）
コバルト 60	全身	5.271年	9.5 日	9.5 日
ストロンチウム 89	骨	50.53日	49 年	50.4 日
ストロンチウム 90	骨	28.74年	49 年	18.2 年
ヨウ素 131	甲状腺	8.021日	138 日	7.6 日
セシウム 137	全身	30.04年	70 日	70 日
ラジウム 226	骨	1600年	45 年	43.7 年
ウラン 238	腎臓	44億6800万年	15 日	15 日
プルトニウム 239	骨	2万4110年	200 年	198 年

$$実効半減期\ T_{eff} = \frac{T_p \times T_b}{T_p + T_b}$$

セシウム137は物理的半減期が30年と長いものの、排せつがはやいので生物学的半減期は70日で、実効半減期も70日と短くなっています。一方、ストロンチウムは骨に蓄積するので生物学的半減期は49年と長く、そのため実効半減期もはるかに長くて18.2年です[8]。**いったん骨に蓄積するとそこにとどまって放射線を出すので、がんなどの原因になる危険なものです。**

---

[8] このように骨に蓄積するものを向骨性核種という。ストロンチウムのほか、ラジウムとプルトニウムも向骨性核種である。

第3章
放射線を浴びると
どうなるのか

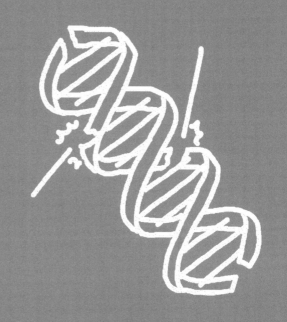

1 ウラン鉱山で肺の奇病が次々と起こった?

ウラン鉱山の岩の中でラジウムからラドンができ、空気中に染み出してきます。坑道では高濃度になるため、それを吸い続けた労働者に肺がんが多発して、若いうちに亡くなりました。

◎ヨーロッパ中央部にあるヨアヒムシュタール鉱山

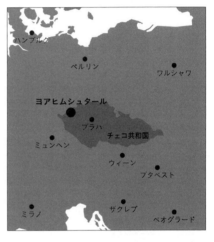

人類がこうむった放射線障害でもっとも古い記録に残っているのは、中世のヨーロッパの鉱山で起こった肺の奇病です。その鉱山は、チェコのボヘミア地方北東部のドイツ国境の近くにあって、ヨアヒムシュタールと呼ばれていました[*1]。

ヨアヒムシュタール鉱山で鉱脈が見つかったのは1512年のことでした。1535年には鉱山労働者が4113人いてにぎわい、プラハに次ぐ人口の町になりましたが、やがて銀が掘りつくされ、30年戦争[*2]もあったために、17世紀には衰退しました。その後、陶磁器の顔料になるコバルトをはじめ、さまざまな金属が見つかり、再びにぎわうようになっていきました。

---

*1 ヨアヒムシュタールというドイツ語の名がついたのは、中世のヨーロッパに広大な領土をもっていた神聖ローマ帝国に属したため。チェコ語ではヤーヒモフ鉱山といわれる。

*2 ボヘミアのプロテスタントの反乱をきっかけに、1618～48年に神聖ドイツ帝国で起こった戦争。

◎鉱山の名が広く知られたきっかけはウランの発見だった

ヨアヒムシュタールの名が広く知られるようになったのは、18世紀末にウラン鉱石のピッチブレンドが発見されたからでした。その頃、ウランに放射能があることは知られていなくて、黄緑色の美しい蛍光を放つことからボヘミア・ガラス製品や陶磁器の釉薬*3として使われていました。

1871年には、鉱石からウランを抽出する工場が操業をはじめて、**ウランを採った後の廃棄物は工場の外に捨てられていました。**キュリー夫妻が新元素のポ

ウランガラス
出典：Wikipedia

ロニウムとラジウムを見つけたのは、この廃棄物からでした*4。今では問題になりそうな放射性廃棄物ですが、管理していたオーストリア政府などがマリーの夫ピエールの要請に応えて、1898年から数年にわたって数トン以上が馬車に積まれてパリ市内の学校に運ばれました。

キュリー夫妻はその廃棄物から、４年以上にわたる大変な努力の末にラジウムを発見しました。しかし、マリーは放射線を浴び続けたために、後に再生不良性貧血*5で亡くなりました。マリーの研究を引き継いだ娘のイレーヌも、白血病で亡くなりました。

＊3　陶磁器を焼く際に表面に塗る、粘土などを水に混ぜて分散させた液体。焼くことによって表面にガラス質の薄い層ができて水の浸透を防ぎ、光沢も得られる。

＊4　ラジウムの発見後、ヨアヒムシュタール鉱山ではラジウムの生産が開始された。坑内の水に含まれる高濃度の放射能を、「療養」に使うための浴場も建設された。

＊5　血液を作る源である造血幹細胞が減少してしまい、そのために血液中の白血球、赤血球、血小板のすべてが減少する病気。

◎鉱山では肺の奇病が恐れられていた

キュリー母娘の命を奪った放射線障害は、その400年前にヨアヒムシュタールでも起こっていました。**鉱山で働くたくさんの労働者が肺の病気になり、若くして亡くなる人が相次いだのです。病気の原因がわからないので「鉱山病」などと呼ばれ、奇病として恐れられていました。**

同じ病気は、ヨアヒムシュタールから山をはさんだ反対側のシュネーベルク鉱山でも起こっていまし

16世紀のヨアヒムシュタール鉱山
出典：Wikipedia

た。シュネーベルク鉱山では19世紀の終わりになっても、多くの労働者が肺がんで亡くなっていました[6]（表）。

ジュネーベルク鉱山の肺がん死亡率

年度	鉱山労働者数（人）	肺がん死亡者数（人）	肺がん死亡率（％）
1879	595	16	2.69
1880	663	8	1.21
1881	641	9	1.40
1882	634	9	1.42
1883	621	8	1.29
1884	633	12	1.90
1885	641	10	1.56
合計	4,428	72	1.63

出典：野口邦和『放射能のはなし』新日本出版社（2011年）

[6] がんの死亡率は性や年齢、人種、医療水準などで変わってしまうので、単純な比較はできないが、厚生労働省「2017年度人口動態統計」によれば、日本人の男性の肺がん死亡率は0.0874％、女性は0.0330％となっている。

◎肺の奇病は高濃度のラドンが原因の職業病だった

鉱山労働者に多発している肺の病気が、職業性の肺がんであることがわかったのは1911年のことでした。1920年頃にはシュネーベルク鉱山の坑道で、放射性ガスのラドンの空気中の濃度が測定され、1立方メートルあたり2万〜60万ベクレル（Bq/㎥）、平均で10万Bq/㎥もあることがわかりました[*7]。そして、1924年に「鉱山病」の肺がんが、ラドンとその子孫の核種[*8]を吸入し続けたことが原因であることが明らかにされました。

ラドンは、ウラン鉱山の岩の中にあるラジウムからできたもので、岩から空気中に染み出しています。風通しがいいところでは空気で薄まりますが、坑道では滞留（たいりゅう）してものすごい濃度になっています。ラドンは化学的に不活性なので他の物質と反応せず、電気も帯びていないので何かにくっつくことはありません。しかし、子孫の核種たちは電気を帯びているので、空気中をただよう小さなほこりなどにくっつきます。ほこりは息を吸ったときに肺に入ってはりつき、そこでアルファ線を出し続けます。

1970年代後半には、アメリカのコロラド高原、チェコのボヘミア地方、カナダのオンタリオ州などのウラン鉱山で調査が行われて、ラドンの被ばく量の累積が0.3〜0.6シーベルト（Sv）以上になると、肺がんが増加することがわかりました。ウラン以外の鉱山でも、坑道はラドン濃度が高いことが知られています。カナダの蛍石（ほたるいし）鉱山やスウェーデンの金属鉱山などで、その吸入が原因となった肺がんでの死亡が多発していたことが明らかにされました。

＊7　現在のウラン鉱山の坑道に比べて、数十倍から百数十倍も高い。ちなみに、日本での屋内ラドンの濃度の平均は、15〜25Bq/㎥くらいである（詳しくは「2-5　密閉性のいい家は放射性物質が多い？」をご覧ください）。

＊8　ラドン222が崩壊してできるポロニウム218やポロニウム214、ラドン220が崩壊してできる鉛212やポロニウム212などの核種。

2 エックス線発見の直後から障害も多発した？

> エックス線の発見は医学関係者に大きな関心を引き起こし、病気の診断などに使われ始めました。一方でエックス線障害も拡大していき、そのために命を失う人も相次いでいました。

◎エックス線の医学への応用はすぐに始まった

　1895年にエックス線を発見したレントゲンは最初の論文で、自分の手にエックス線を照射した結果を「もし手を放電装置とスクリーンのあいだにおくと、手のかすかに暗い影の中に手の骨のもっと暗い影がみえる[*1]」と書きました。

　エックス線の発見は物理学者に大きな関心を引き起こしましたが、それ以上に関心をもったのは医学関係者でした。ドイツでは論文発表のわずか9日後の1896年1月6日に、内科学会がエックス線写真の医学への応用について議論しました。イギリスでも同年1月13日、人体のエックス線検査がされました。アメリカとカナダでは同年2月までに、40組以上の人々がエックス線の医学利用に関する実験を開始しました。

　医師たちがこのように強い関心をもったのは、病人の体内で起こっているはずの変化を、エックス線を使えば生前に、しかも苦痛を与えずに知ることができると考えたからです。

[*1]　レントゲン「新しい型の放射線について」（第1報）木村 豊訳。この論文は1895年12月28日に発表された。

◎エックス線による障害もすぐに現れた

一方、エックス線の障害もすぐに現れ始めました。アメリカのグラブは、レントゲンのエックス線発見の論文が出る前から、クルックス管を使って実験をしていました[*2]。彼は1895年11月頃から翌年1月にかけて、皮膚に紅斑[*3]や水ぶくれができ、異常な充血や知覚過敏も起こっていることに気がつきました。その後、脱毛や潰瘍[*4]も認められるなど、症状は悪化していきました。1月27日に治療を受けたグラブは、**エックス線には破壊的な作用があると認識するようになりました。**

その2日後の1月29日、グラブが作ったクルックス管で乳がんのエックス線治療が試みられ、彼は照射する部分のほかは鉛で遮蔽しました。エックス線の発見から、こういった放射線防護の措置をするまで、わずか1か月しかたっていませんでした。

◎利用の拡大につれ、エックス線障害も広まっていった

1896年3月には発明王として知られるエジソンがエックス線透視の実験をしました。彼の助手のダリーはその準備でたびたびエックス線を浴びて、脱毛や潰瘍に悩まされていました。エジソンはその放射線障害を見て驚き、実験装置の製作をやめました。しかし、ダリーの皮膚障害はすでに重く、がんも発生して両腕を切断し、治療のかいなく1904年に転移がんで亡くなりました。

エックス線を発見したレントゲンに、たくさんのエックス線管を作っていた助手も、次のページの写真のようにひどい放射線障害にかかっていました。**エックス線にさらされる作業に従事した多くの人々が、このような痛ましい運命にさらされたのです。**

＊2　グラブはイリノイ州シカゴで、クルックス管の製造に携わっていた。クルックス管は、イギリス人のクルックスが発明した真空放電管。構造は68ページをご覧ください。
＊3　毛細血管が拡張して現れる紅色の斑紋。
＊4　皮膚などの表面をおおう上皮組織が、何らかの原因でえぐられてしまった状態。

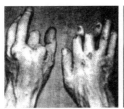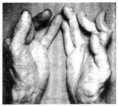

レントゲン博士の助手のエックス線障害

出典：A.C.Apton『放射線に対する防護』

◎エックス線検査を受けた人の急性放射線皮膚炎

エックス線による検査を受けた人の急性放射線皮膚炎と、検査をおこなった人の慢性放射線障害が大きな問題になりました。

大量のエックス線を短期間で浴びると、皮膚には火傷<ruby>火傷<rt>やけど</rt></ruby>とよく似た症状が起こります[5]。日本でも、1919年5月に胆石症の診断で2週間で15回ほどのエックス線検査を受けた25歳の女性で、腰に直径10センチメートルほどの潰瘍ができて、焼き鏝<ruby>鏝<rt>こて</rt></ruby>をあてるような激痛がでたと記録に残っています。アメリカでは、21歳のとき（1898年）に腎臓結石でエックス線透視検査を受けた女性に、49年後に右上腹部に皮膚がんが発生しました。

◎職業病としての慢性放射線障害で多くの人々が亡くなった

1回で浴びる量は検査を受ける人より少ないとはいえ、長い年月で医師や技師が浴びたエックス線の量はばく大なものでした。こうした人々に慢性放射線皮膚炎が起こって徐々に進行し、しば

＊5　第Ⅰ度〜第４度に分類される。第Ⅰ度は、照射後３週までに脱毛をきたすが、１〜３週のうちにほとんど跡を残さずに回復。第２度は、照射後２週までに充血、発赤、腫（は）れを起こし、３〜４週後までに色素沈着を残して回復。第３度は、照射後１週たらずのうちに濃い発赤を生じ、水疱も形成。３か月ほどこの症状が続いた後、強い色素沈着や皮膚の萎縮、毛細血管拡張症を残す。第４度は、照射後２〜３日後に発赤腫脹が始まる。しばらくして激痛を伴う潰瘍が生じ、何年も治らない。

しば致命的な皮膚がんが発生していました。**放射線皮膚炎と皮膚がんの発生のあいだに因果関係があると認められたのは1902年で、1911年には動物実験でもその因果関係が認められました。**

放射線障害死亡者の国際比較

	イギリス	ドイツ	アメリカ	フランス	日本	全世界
1900～10	3	2	8	3	—	16
1911～20	5	4	10	8	—	34
1921～30	10	10	5	25	4	84
1931～40	10	18	22	18	7	105
1941～50	8	11	6	4	10	58
1951～60	6	14	4	4	13	55
1961～					9	

出典：舘野之男『放射線と人間』岩波書店（1974年）

　放射線障害で死亡した医学関係の犠牲者を顕彰するために、ドイツのハンブルクに記念碑が設立され、その人たちの略歴などが記された「顕彰の書（エーレンブーフ）」が発行されました。この記念碑は、犠牲をくり返さないために努力を払うよう呼びかけています。

放射線障害死亡者の記念碑（ハンブルク）
出典：北畠 隆『放射線障害の認定』金原出版（1971年）

3 夜光時計の女性労働者が たくさん亡くなった?

ラジウムは、時計の文字盤に夜光塗料として使われました。夜光時計工場で働いた女性労働者たちは塗料をつけた筆を唇で整えたため、骨腫瘍などの放射線障害で亡くなりました。

◎ラジウム夜光時計工場での放射線障害

キュリーが発見したラジウムは、第一次世界大戦の頃に夜光時計[*1]の文字盤に使われるようになり、工場で働く女性たちに深刻な放射線障害を引き起こしました。ラジウムの放射線を、銅を少し加えた硫化亜鉛などに照

ラジウム夜光時計の文字盤
出典：Wikipedia

射すると、硫化亜鉛はそのエネルギーを吸収した後、可視光線を出します。ラジウムと硫化亜鉛を混ぜておけば、ラジウムから放射線が出続ける限り、光が出てくるというわけです。

ラジウムの夜光塗料への利用は1910年頃にさかんになり、主に若い女性たちがそれを時計の文字盤に塗る作業に従事していきました。ラジウムが体内に入ると骨に沈着し、骨肉腫や白血病などを発生させる危険があるので、体内汚染を極力抑えるべきなのですが、当時はそういった認識がほとんどありませんでした。

＊1　夜光時計は、時計の文字盤に夜光塗料を塗ったもので、夜光塗料には蓄光性と放射線発光性の2種類ある。蓄光性夜光塗料は、太陽や電灯などの光エネルギーを吸収して蓄積し、暗いところで短時間発光する。放射線発光性塗料は、塗料の中に放射性物質を含み、放射線のエネルギーによって塗料が発光する。後者は、硫化亜鉛などの発光基体が放射線で損傷されない限り、常に一定の輝度の光を発し続ける。

◎ラジウムを塗る際に筆を唇にくわえて整えた

　ラジウムを添加した夜光塗料を時計の文字盤に塗る工場が、アメリカで創業したのは1915年頃でした。ニュージャージー州オレンジにはアメリカ最大の文字盤塗装会社があり、800人ほどの女性が働いていました[*2]。全米では約4千人が、文字盤の塗装に従事していました。

夜光時計の文字盤を塗る女性労働者
出典：BuzzFeed News

　彼女たちはラクダのしっぽの毛でできた筆に黄色い発光塗料をふくませて、文字盤の輪郭をなぞっていました。筆先が乱れると唇にくわえて整え、これをティッピングといっていました。文字盤1個でティッピングは1〜5回ほど行われ、出来高払いだったので1日に250〜300個を仕上げた女性もいたといわれています。**ティッピングのたびにラジウムは体内を汚染していきました。**

　ラジウムが骨に沈着すると、その場所でアルファ線を出して娘核種[*3]に変わります。その娘核種も放射線を出し、安定な鉛になるまで延々と放射線を出して[*4]周辺にダメージを与え続けます。

＊2　彼女たちは、ラジウム・ダイヤルペインターと呼ばれた。
＊3　放射性核種が崩壊して変わった核種も放射能をもつ場合、これを娘核種という。
＊4　詳しくは「1-6　放射線を出しても安定にならない原子がある？」の本文と、「放射性崩壊系列」の図をご覧ください。

◎若い女性が奇病で次々と亡くなっていった

アメリカ最大の文字盤塗装会社があったニュージャージー州では、若い女性が奇病によって相次いで亡くなりました。ニューヨークの口腔外科医ブラムはかねてから異変を感じていましたが、1924年に**顎がおかしいという若い女性の口の中を診察した際、彼女が文字盤の塗装工だと聞いて、原因はラジウムだと直感しました**。彼はこの病気を「ラジウム顎」と名づけて、医学雑誌に論文を発表しました。この論文を見たオレンジの医師マートランドは、若い女性の命を奪っている奇病の原因調査に乗り出しました。

女性労働者たちは、文字盤に夜光塗料を塗る前は健康でした。ところが夜光時計の工場に勤めてから数年後には悪性の貧血で苦しみ始め、歯ぐきからの出血や口蓋*5と喉の崩壊も起こりました。体に放射線測定器を近づけると、放射線の存在を知らせるガーガーというモニター音が鳴りました。呼気からはラドンが検出され、骨の放射能はエックス線フィルムを感光させるほどでした。

こうした状況を目のあたりにしたマートランドは、夜光時計工場に勤める女性たちの病気はラジウムが原因であると報告し、その危険性を訴えました。その後の詳細な調査で、口唇がん、舌がん、咽頭がんをはじめ、再生不良性貧血や骨腫瘍などが多数確認されました。そのため、**ラジウムを含む夜光塗料の使用は減っていき、現在ではほとんどの国がラジウム夜光塗料の製造や使用を認めていません***6。

＊5　口の中の上にある壁の部分で、口腔（こうこう）と鼻腔を分離している。

＊6　ラジウムのかわりに、放射線のエネルギーが弱くて被ばく量が少ない水素3（トリチウム）やプロメチウム147を含む放射線発光性塗料が時計の文字盤に使われた。その後、放射性同位体を含まずに長時間発光を続ける夜光塗料が開発され、これに置き換わってきている。

◎ラジウムは患者に投与されて後に骨腫瘍が多発した

　ラジウムの危険性が指摘された一方で、**ラジウムはいろいろな病気を治療するとても有用な物質と考えられて、1910年から30年頃には多くの医師が患者にラジウムを投与していました。**アメリカの医師たちは数百人の患者にラジウムを投与し、それらの患者には後になって骨腫瘍が多発しました。

　日本でも、明治の終わりに近い1911年に東大皮膚科がラジウム療法を開始し、大正になるとラジウムは本格的に臨床に利用されるようになりました（図）。東京・銀座にはラジウムから出てくる放射性物質を客に飲ませたり、ラドンを吸入させたりするカフェーが現れました。その後、ラジウムを万能だと称し、清涼飲料水にラジウムが含まれるといって販売する人物が続出したため、政府は取り締まりに乗り出しました。しかし、ラジウムの治療効果を過大視する状況は、昭和になっても残っていたのです[*7]。

大正時代におこなわれたラジウムの臨床利用

【左】エマナトール：不溶性のラジウム化合物を素焼きの壺に入れ、水を通してラドンを溶かして飲む。【中】ラヂオゲン注射液：ラジウム化合物を溶かした液を注射する。【右】エマナトリウム：ラドン発生器を置いた室内で空気を吸入する。

出典：稲本一夫，放射線医学物理，Vol.18, No.2, pp.137-145（1998）

＊7　放射線防護学者の安齋育郎氏は、「最近の"スプーン曲げ"の超能力騒ぎではからずも露呈した"神がかり"を信じやすい日本の非科学的風土があったかもしれないが、何の科学的証明もなく誇大宣伝を並べ立てて、疾病を免れたいという大衆の素朴な願いに乗ずる企業の姿勢こそ重大であるといわねばならない」と指摘している（安齋育郎『原発と環境』かもがわ出版（2012年））。

4 造影剤を使った数十年後にがんになった？

放射性元素のトリウムは、造影効果がすぐれているのでエック
ス線診断に使われました。ところが体内に蓄積して放射線障害
を引き起こし、長い年月の後にがんで患者の命が奪われました。

◎放射性元素のトリウムが造影剤に使われた

病院でエックス線撮影をする際に、造影剤*1がしばしば使われ
ます。胃の透視撮影で、硫酸バリウムの懸濁液*2を飲んだことが
あるかもしれません。この造影剤に放射性元素のトリウムが使わ
れたことがあり、放射線障害で多くの人が亡くなりました。

その造影剤はトロトラストで、トリウムの酸化物（二酸化トリ
ウム）を水溶液にしたものです。1928年にドイツの会社が開発し、
血管や肝臓などの造影にすぐれた効果があるということで、1930
〜40年代に世界的に使われました。第二次世界大戦中は野戦病
院で負傷者の診断にしばしば使われ、日本での使用はほとんどが
陸軍病院での血管造影検査によるものです。

◎トロトラストは肝臓に沈着して放射線を出し続ける

トロトラストが血管に注入されると、全身の網内系*3、特に肝
臓の網内系に大部分が取りこまれます。トロトラストに含まれる

＊1　エックス線で撮影した画像にコントラストをつけたり、特定の臓器を強調したりす
　　るために投与される薬剤。たとえば、血管の様子を撮影したいときは、エックス線
　　をよく吸収する物質をその血管に注入し、周辺の組織とコントラストをつけて写真
　　を撮る。
＊2　水に溶けない硫酸バリウムを、水に分散させたもの。毒性があるバリウムがなぜ飲
　　めるかというと、硫酸バリウムにすると水に溶けなくなるからである。

トリウム同位体はすべて放射性で、そのほとんどをしめるトリウム232は物理的半減期が140億年、生物学的半減期も約400年と長く、**いったん肝臓などに蓄積するときわめて排せつされにくいので、長年にわたりアルファ線で周辺にダメージを与えます。**

　過去にトロトラストの注射を受けた人が、胃透視などのエックス線検査を受けた際に肝臓や脾臓に異常な影が見つかって、トロトラストの使用が明らかになることがしばしばありました。

◎使用禁止になったが、がんの発生は続いている

　トロトラストは最初から、放射線障害の発生が懸念されていました[*4]。1947年に投与された患者で発がんが報告され、**1950年には使用が禁止されました。ところが、がんな**

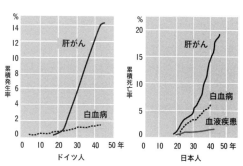

トロトラスト患者の肝がんと白血病の発生

出典：松岡理『放射性物質の人体摂取障害の記録』日刊工業新聞社（1995年）を一部改変

どの障害が発生するまでの潜伏期間がとても長いため、症例の報告は長期にわたって続いています（図）。

　トリウムが造影剤に使われたのは、原子番号がとても大きいので造影効果がすぐれているからでした。便利という理由だけで利用するとどんな結果になるかを、トロトラストは示しています。

＊3　細菌やウイルス、死んだ細胞などの異物を取りこむ作用（食作用）をもつ細胞などからできている組織。肝臓や脾臓（ひぞう）、骨髄、リンパ節などに含まれていて、生体防御の役割を担っている。
＊4　そのためアメリカでは、トロトラストの使用はがんや高齢の患者に限定されていた。

5 放射線でどんな障害が起こるの？

放射線で起こる障害は、放射線を浴びた量によって違っています。一定量以上を浴びると障害が起こる確定的影響と、たくさん浴びると障害が起こる確率が上がる確率的影響があります。

◎放射線障害は「どのくらい浴びたのか」がカギになる

エックス線が発見されたのは1895年ですが、その翌年にはエックス線が皮膚炎や脱毛などを起こすことが報じられ、1904年には放射線障害によって亡くなる人が出てしまいました。

生物が放射線を浴びると（放射線被ばくといいます）障害が起こりますが、それは放射線を「浴びたか・浴びないか」ではなく、「どのくらい浴びたのか」で現れ方が違います（次のページの図）。

放射線を大量に浴びると、生物は死んでしまいます。ヒトの場合、6000ミリシーベルト（mSv）（6シーベルト（Sv））で99％以上、3000 mSvで半数が死亡します。また、3000 mSv以上で脱毛、1000 mSv以上で吐き気、150 mSv以上で男性の一時的な不妊が起こります。これらは被ばくしてから数週間以内に起こるので、急性障害といいます。

放射線被ばくで起こる障害には、がんや白内障[*1]もあります。これらは数年以上たって現れるので、晩発性障害といいます。

◎放射線障害は細胞についた傷によって起こる

放射線被ばくで体に障害が起こるのは、体を作っている細胞が放射線によって傷つけられるからです[*2]。

[*1]　目の中にある水晶体が濁るため、目が見えにくくなる病気。

[*2]　傷ついた細胞はその後、①傷を治して元通りに回復する、②傷がひどくて治せず、細胞が死んでしまう、③傷を治す際に間違ってしまい、突然変異を起こしてしまう、のいずれかをたどることになる。3つのうち②と③が放射線障害の原因になる。

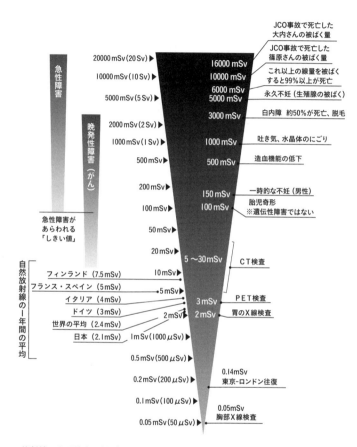

放射線による障害と被ばく線量

出典：野口邦和『原発・放射能図解データ』大月書店（2011 年）の図を一部改変

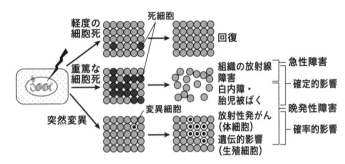

確定的影響と確率的影響

出典：小松賢志『現代人のための放射線生物学』京都大学学術出版会（2017年）

　組織や臓器*3が一定量以上の放射線を浴びると、たくさんの細胞が傷を治しきれずに死んでしまい、そのために機能が低下したり失われたりします。脱毛や吐き気、不妊などの症状や生物の死はこのような障害で、確定的影響といいます（上の図）。

　一方、放射線被ばくによる突然変異が原因となって起こる障害を、確率的影響といいます。確率的影響は、精子や卵を作る生殖細胞に起こって次世代に伝わる遺伝的影響と、生殖細胞以外の体の細胞（体細胞）に突然変異が起こって被ばくした本人ががんになる発がん影響の、2つに分けられます。

◎確定的影響と確率的影響はどう違っているのか

　確定的影響では、被ばくによって少数の細胞が死んでも、残りの多くの細胞がその分も働いてくれるので、障害は発生しません。しかし、**被ばく線量が多いと多くの細胞が死んでしまうため、生**

＊3　生物の体の中で、同じ形態や機能をもった細胞が集まってできている構造を組織という。たとえば、筋肉や神経。複数の組織が集まってつくられる構造を器官といい、動物では器官のことを臓器という。

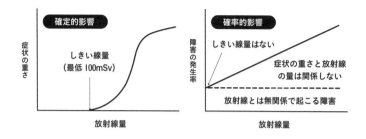

き残った細胞の増殖や機能の補いができなくなって、**放射線障害を起こしてしまいます。**そのため、**確定的影響はある線量以上になると現れ始め、それより線量が増えるにしたがって障害は重くなっていきます（図の左）。**線量が低いところでは障害は現れず、しきい線量[*4]を超えると障害が出始めて、一定の線量以上では確実に障害が発生するようになり、浴びた線量が多いほど症状は重くなります。しきい線量は組織によって異なります[*5]。

　突然変異を起こした細胞が増殖して起こるがんや遺伝的影響は、異常が 1 個の細胞にしか起こらなかったとしても、放射線障害にいたってしまう場合があります。一方、たくさんの細胞に突然変異が起こっても、障害は起こらない場合もあります。ですから、**障害が発生するかしないかは確率的、つまり運しだいということなのです（図の右）。確率的影響は被ばく線量とともに症状が重くなるわけではなく、この点でも確定的影響とはまったく違っています。**

＊4　被ばくした人の 1％に障害が現れる（99％に障害が現れない）線量を、しきい線量という。

＊5　もっとも低いしきい線量は精巣で一時的不妊が起こる 100 mSv で、ヒトはこれより低い被ばく線量では確定的影響は起こらない。皮膚では 3000 mSv で発赤・紅斑が起こり、5000 mSv を超えると放射線火傷（やけど）になる。

6　放射線を浴びると下痢をする？

> 小腸の表面では細胞分裂がさかんにおこなわれ、3〜5日で細胞が入れかわります。大量の放射線を浴びると分裂が停止し、表面がはがれ落ちてしまうので、はげしい下痢が起きます。

◎放射線宿酔の症状で被ばく量をおおまかに推測できる

私たちが1〜2シーベルト（Sv）[*1]という大量の放射線を短時間に浴びると、頭痛やめまい、吐き気、食欲不振、下痢などが起こります。これは急性放射線症[*2]の症状の1つで、放射線宿酔と呼ばれ、全身被ばくから24時間以内に現れます。その名から想像できるように、ひどく酒に酔った状態に近いものです。

線量が増えるにしたがって、1.0 Svで食欲不振、1.4 Svで吐き気、2.3 Svで下痢と順番に現れるので、症状の種類から被ばく量をある程度推測することができます。たとえば、これらの症状が出なかったら被ばく線量は1 Sv以下、もし下痢がなくて24時間以内に収まる吐き気があったら2 Sv以下、下痢の症状があって1週間後も続いたら2 Sv以上の可能性がある、などです。放射線は人間の知覚（視覚や味覚などの五感）では認識できませんが、放射線宿酔の症状によって被ばくした量をおおまかに知ることができるわけです。

◎組織や臓器で放射線影響の受けやすさが違う

下痢が起こるのは、小腸の細胞が放射線の影響をとても受けやすいからです。確定的影響には、しきい値（症状が現れ始める放

＊1　1シーベルト（Sv）＝ 1000ミリシーベルト（mSv）。

＊2　3-5で紹介した急性障害の全身型ともいうべきもので、広島・長崎の原爆被爆者にも急性放射線症が多数現れた。

放射線障害のしきい線量

組　織	障　害	放射線量（Sv）	発現時期
精　巣	一時的不妊	0.1	3〜9週間
	永久不妊	6.0	3週間
卵　巣	不　妊	3.0	1週間以内
水晶体	白内障（視力障害）	0.5	数　年
骨　髄	造血機能低下	0.5	3〜7日
皮　膚	紅　斑	3〜5	1〜4週間
	放射線火傷	5〜10	2〜3週間
	一時脱毛	4.0	2〜3週間
胎　児	奇形・精神遅滞	0.1	（受胎後9週〜15週）

出典：小松賢志『現代人のための放射線生物学』京都大学学術出版会（2017年）の表を一部改変

射線量）がありますが、これは上の表のように組織によって違っています。**しきい値が低いほど、浴びた放射線が少ないうちから影響が出てくるわけで、放射線の影響を受けやすい**[*3]ということになります。

　放射線の影響を受けやすいかどうかを、放射線感受性といいます。放射線感受性は組織によって違っていて、その違いは組織や臓器を作っている細胞の性質によります（下の表）。

細胞再生系と放射線感受性

放射線感受性	増殖、分化	組　織
高感受性 （細胞再生系）	分裂がさかん、未分化細胞	造血幹細胞、小腸幹細胞、精原細胞（精子形成）、表皮幹細胞、（リンパ球）
	分裂する、分化細胞	口腔上皮細胞、食道上皮細胞、毛のう上皮細胞、水晶体上皮細胞
	通常は分裂しない、分化細胞	腎臓、すい臓、肝臓、甲状腺
低感受性 （細胞非再生系）	分裂しない、分化細胞	神経細胞、筋繊維（心筋）、顆粒球

出典：小松賢志『現代人のための放射線生物学』京都大学学術出版会（2017年）の表を一部改変

＊3　精巣と卵巣で不妊のしきい値が異なるのは、以下の理由による。精子は、その源になる生殖細胞から休むことなく細胞分裂がおこなわれて、1日に約1億個が形成される。一方、卵子は源になる生殖細胞が分裂した後にいったん停止した状態になり、排卵の前に少数の細胞だけが成熟する。そのように精巣と卵巣で細胞分裂の頻度が異なるため、両者の放射線感受性は異なり、しきい値も違っている。

放射線感受性が高いのは、細胞分裂をさかんに行っている組織
です。このような組織を細胞再生系といい、細胞分裂で新しい細胞がどんどん作り出される[*4]一方で、古い細胞は死滅しています。一方、いったん組織ができあがると細胞分裂がほとんどされなくなるのが細胞非再生系で、放射線感受性は低くなっています。

　放射線感受性の高低を決めるものには、細胞の分化(ぶんか)もあります。受精卵が細胞分裂をくり返しながら筋肉や神経といった細胞になるように、細胞が特殊化することを分化[*5]といいます。**分化が進んでいない（未分化）細胞ほど放射線感受性が高く、分化が進んだ細胞ほど低くなります。**

　放射線感受性について、ベルゴニーとトリボンドーは1904年に以下の法則[*6]を見つけました。

　① 細胞分裂の頻度が高い細胞ほど、放射線感受性が高い。
　② 将来おこなわれる予定の細胞分裂の回数が多い細胞ほど、
　　　放射線感受性が高い。
　③ 形態と機能が未分化の細胞ほど、放射線感受性が高い。

　なお、人体の組織には細胞再生系以外に、休止細胞系と非再生系があります。肝臓やすい臓は休止細胞系で幹細胞がなく、いろいろな機能を担う細胞が非常にゆっくりと細胞分裂をしています。肝臓を切除すると、すべての細胞が分裂を開始します。神経や筋肉は非再生系で、細胞が分化した後に細胞分裂はしません。

＊4　細胞分裂で新しい細胞を作り出す際の、もとの細胞を幹細胞（かんさいぼう）という。幹細胞が分裂して2個になるとき、1個は幹細胞のままで残っている。血液細胞には造血幹細胞、小腸表面の上皮細胞には小腸幹細胞といったように、いろいろな幹細胞がある。
＊5　精子だと、精原細胞（幹細胞）→精母細胞→精子細胞→成熟精子の順に分化していく。
＊6　発見者にちなんで、ベルゴニー・トリボンドーの法則といわれている。

◎全身に数Svを被ばくすると骨髄死をまねく

血液にはいろいろな細胞が含まれていて、下の図のように、骨髄などで造血幹細胞から分化することで作られています。**造血幹細胞は放射線感受性がもっとも高いものの１つで、全身に数Svの放射線を浴びると血液細胞が減ってしまい、重篤な場合には死亡します。これを骨髄死といいます。**

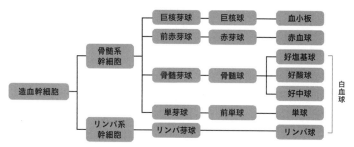

血液細胞の分化

　血液細胞の役割の１つに、外から傷を受けたときの防御があり、血小板には血液を凝固させて出血を止めるはたらきがあります。そのため血小板が減少すると出血しやすくなったり、出血が止まらなくなったりします。放射線を大量に浴びると、造血幹細胞などがダメージを受けて血小板の新生と供給が止まります。5Sv以上を被ばくすると、10日後には血小板が枯渇してしまいます。

　白血球の一種である好中球も、10日後には枯渇します。同じく白血球の一種であるリンパ球は、もっと放射線感受性が強く、5Sv以下の被ばくでも24時間以内に約半数に減ってしまいます。

　血小板が減ると出血と貧血、好中球が減ると感染や発熱、リンパ球が減ると免疫機能の低下が起こり、骨髄死につながります。

◎5〜15 Sv以上では10〜20日以内で腸死が起こる

5〜15 Sv以上を被ばくすると腸に放射線障害が起こり、ヒトだと10〜20日以内に死亡して、これを腸死といいます。1945年8月6日に広島に原爆が投下された翌日から、広島市の救護所に多くの人が収容され、下痢や血便が見られるようになりました[*7]。

ネズミだと、被ばく後3.5日で亡くなるので、「3.5日死」と呼ばれています。このように生存期間が一定しているのは、小腸の組織の構造と深くかかわっています（図）。

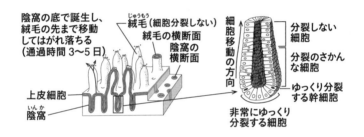

小腸での細胞の入れかわり

出典：B.Albertsら『細胞の分子生物学』教育社（1987年）の図を一部改変

小腸の粘膜[*8]では、とぎれることなく細胞分裂がされています。絨毛のあいだの陰窩には幹細胞があり、ここで作られた細胞は絨毛にそって上に移動して頂上部に達し、5日ほどたつと細胞は死んで脱落していきます。**小腸が大量の放射線を浴びると、細胞分裂ができなくなります。絨毛の頂上部で細胞が次々と脱落して**

---

* 7　赤痢が疑われて臨時伝染病院が開設されたが、この症状は急性放射線障害によるものだった。
* 8　小腸には、栄養素を効率よく吸収して血液やリンパに送るために、たくさんのひだ、絨毛と細胞の微絨毛（びじゅうもう）があって、これらにより表面積を広げている。小腸粘膜の表面積は200平方メートル（テニスコート1面と同じくらい）に達し、これは腸管がたんなる円筒である場合の約600倍になる。

いるのに供給がたたれてしまうので**絨毛がはげ落ち**、被ばくの３〜４日後にはげしい下痢や出血、感染、電解質の喪失が起こり始めて、これらが直接の死因になります。輸液や抗生物質の投与によってある程度は延命できますが、腸の組織がもとのようになる可能性は低く、その後に重い骨髄障害やその他の組織の放射線障害も起こるので、生き残るのは困難です。

◎福島第一原発事故後に放射線障害の鼻血や下痢が起こったのか

　福島第一原発事故の後に、環境に放出された放射性物質によって鼻血や下痢が起こっているという話がありました。本当かどうか、ここまでに述べたことをふまえて考えてみましょう。

　まず鼻血についてですが、全身に数Svの放射線を浴びると血液細胞が減って、５Sv以上を被ばくすると10日後には血小板が枯渇するのでした。次に下痢ですが、腸に放射線障害が起きるのは５〜15Sv以上を被ばくした場合でした。**福島県の住民の被ばく量は、多い人でもその100分の１ほどでしたから**[*9]**、被ばくが原因で鼻血や下痢が起こる線量よりはるかに低かったわけです。**鼻血や下痢は確定的影響ですから、そのしきい値より100分の１も低い被ばく線量では、こうした症状は起こりません。

　もう１つの証拠があります。甲状腺がんの治療法には残存甲状腺 焼 灼 があり、数十億ベクレルもの放射性ヨウ素を投与します。その量は半端でありませんから、いろいろな臓器・組織にも行ってしまい、福島第一原発事故の後よりもはるかに多く被ばくします。ところが、この治療に伴って鼻血も下痢も起こらないことが知られています。このことからも福島第一原発事故後に、放射線障害の鼻血も下痢も起こらなかったことは明らかです。

＊9　福島県は、被ばく線量が相対的に高かった事故直後の４カ月間の県民の外部被ばく積算線量を、県民から回収した問診票の行動記録をもとにして、放射線医学総合研究所の開発した評価システムを用いて推計した。その結果、最高値は相双地区の住民の 25mSv（0.025Sv）であった。

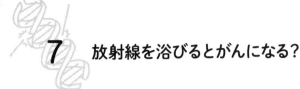

7 放射線を浴びるとがんになる?

放射線を大量に浴びると、長い時間がたってからがんが発生することがわかっています。しかし、低線量でもそうかはわかっていません。放射線リスクに対してLNT仮説が使われています。

◎がんが放射線によるかそうでないかは区別できない

放射線被ばくががんを誘発することは、過去に起こった複数の集団被ばく事例から明らかにされています。一方、放射線を浴びて生じたがんと、放射線以外の原因で生じたがんで、症状には何の違いもありません。これを、放射線発がんの非特異性といっていて、潜伏期が長いこともあいまって、がんが放射線に起因するのか・しないのかを認定することは、個人単位では困難です。そのため、放射線発がんは集団を対象にして、疫学的方法によって研究されています。

◎がんはどのようにして発生するのか

放射線による発がんについてご説明する前に、がんとはどんな病気なのかをお話しします。

私たちの体の中の臓器の多くは、膜（基底膜）におおわれています。がん細胞には、この膜を食い破って外にはい出して増える性質があり、これを浸潤といいます。血管も膜でおおわれていますが、がんの塊の中はその構造が脆弱なので、がん細胞は血管の中に侵入して、もとの場所から離れたところに運ばれます。がん細胞は遠く離れた臓器に入りこんで、そこで増殖する能力ももっ

ていて、これを転移といいます。**がん細胞は、正常な細胞の遺伝子に変異が生じて、浸潤と転移という性質を新たに獲得したものをいいます。**

　がんの原因には、ウイルスや発がん物質、紫外線、放射線などいろいろありますが、これらに共通する性質は、生物の遺伝子に突然変異を起こすということです。

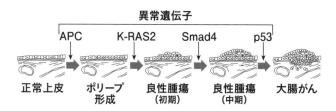

異常遺伝子

APC　　K-RAS2　　Smad4　　　　p53

正常上皮　　ポリープ　　良性腫瘍　　良性腫瘍　　大腸がん
　　　　　　　形成　　　（初期）　　（中期）

多段階発がん説

出典：永田和宏ら『細胞生物学』東京科学同人（2006年）の図を一部改変

　細胞の中で遺伝子変異が１つ生じても、それだけではがんにはなりません。複数の遺伝子変異が蓄積していき、正常な細胞からいくつかの段階をへて[*1]がんになっていくことが、大腸がんの研究によって明らかになりました。その中で、初期の段階をイニシエーション（図の左の⇒）、細胞増殖などを通じて悪性化する過程をプロモーション（図の左から２番目以降の⇒）と呼んで、便宜的に区別しています。放射線発がんの動物実験によって、**放射線はイニシエーションを顕著に引き起こし、プロモーションにはあまり影響をもたらさない**ことがわかりました。

＊１　大腸がんでは、APCというがん抑制遺伝子（がんの発生を抑制するタンパク質を作る情報が書かれた遺伝子）が変異することが、最初の引き金になる場合が多い。胃がんでは、ヘリコバクター・ピロリ菌の感染による慢性胃炎や萎縮（いしゅく）性胃炎をへてがん化が起こるが、その際にピロリ菌が分泌する病原因子が複数のがん抑制遺伝子の活性を抑えている。

◎放射線を浴びて長い時間の後にがんが発生する

　放射線によるがんは、被ばくしてから長い時間がたった後に発生します。それは、放射線が発がんに向けた最初の遺伝子変異を起こし、別の原因で複数の変異が蓄積していって起こるからです。下の図は、広島・長崎で被爆した生存者に発症したがんが、どの時期に起こっているかを示したものです。

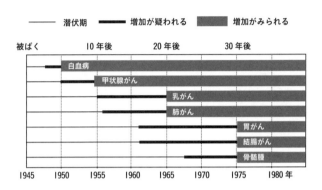

被ばくからがんが発生するまで
出典：野口邦和『原発・放射線図解データ』大月書店（2011年）

　白血病は、原爆投下後2〜3年の潜伏期をへて増加していき、7〜8年でピークに達して、その後は減少しています。一方、放射線による固形がん[*2]は、10〜数十年の潜伏期の後に増加していき、現在でも発がんが続いています。白血病の潜伏期の長さは、放射線を浴びた量と関係していて[*3]、**被ばく線量が多いほど潜伏期が短くなる**ことが知られています[*4]。

＊2　造血器から発生するがんを血液がん（白血病も含む）、それ以外を固形がんと呼ぶ。
＊3　線量依存性がある、という。
＊4　広島・長崎のほかに、①頭部にできた白癬（はくせん）の放射線治療で発症したイスラエルの甲状腺がん、②肺結核の患者への頻回の透視撮影で発症したアメリカとカナダの乳がん、③強直性脊椎炎の放射線治療で発症したイギリスの白血病などで解析がされている。

◎放射線発がんのリスクとLNT仮説

　原爆生存者の疫学研究では、死亡診断書を用いた寿命調査がされていて、**100～1000ミリシーベルト（mSv）の被ばく量では、がんによる死亡率が放射線量とほぼ直線的に比例して増加していました。一方、100 mSv以下では放射線発がんが増えているというはっきりした傾向は認められていません**[*5]。

　100 mSv以下で放射線影響があるかどうかを、解析する集団の人数を増やせばわかるようになるかというと、そうはなりません。たとえば、都道府県で自然発がんの発生率を比べると、同じ日本人でも生活習慣が違うため、高いところと低いところでは20％くらいのバラツキがあります。世界中の被ばくデータを集めて集団の規模を大きくしても、同様に人種や生活習慣の違いによって誤差が大きくなるだけで、規模を大きくする効果は相殺されてしまうからです。放射線発がんの研究は疫学的にされているのですが、疫学研究にも限界があります。

　このような理由で、100 mSv以下の被ばく線量で影響があるかどうかは不明なのですが、**放射線リスクの評価は「1000 mSvのような高線量から、しきい値なしで放射線量に直線的に比例して減少する」というLNT仮説**[*6]**が採用されています。**

　1000 mSvを短時間で浴びた場合、白血病を含む全がんのリスクは5％[*7]と評価されています。しきい値なしで直線的に比例するLNT仮説から、たとえば1000 mSvの50分の1である20 mSvの放射線リスクは、同じく5％の50分の1の0.1％と計算できます。

＊5　より正確に書くと、「100～200 mSv以上の被ばくをするとがんが増加するが、それ以下だと放射線による影響があったとしても、統計的に検出できないほど小さい」ということである。

＊6　LNT（Linear Non-Threshold）仮説。しきい値なしで、直線的に比例するという意味。

＊7　過剰生涯リスクという。放射線被ばくにより、発がんのリスクがそれだけ多くなることを示す。

◎LNT仮説は放射線リスクの過小評価をさけるのが目的

LNT仮説を支持するデータには、以下のものがあります。

① 広島・長崎の原爆生存者では、高線量（1000 mSv）から低
　 線量（100 mSv）までほぼ直線的に減少している。
② マラーが行ったショウジョウバエの実験で、精子の突然変
　 異率は放射線量に直線的に比例して増加している。
③ 放射線によるDNAの損傷は、放射線量に比例して増加する。

　①については、少なくとも白血病はしきい値なしであることが
わかっています。しかし、固形がんについては、100 mSv以下の
データが不足している状況に現在も変わりはありません。

　②は、ショウジョウバエのオスにエックス線を照射するとその
子どもに突然変異が起こり[*8]、変異は子孫に伝わると示した歴史
的な実験です。しかしこの実験は、DNAについた傷（DNA損傷）
を修復できない精子[*9]で行っています。被ばくによる細胞死や突
然変異などの影響は、主にDNA損傷の修復を介して起こるので、
修復ができない材料での実験は参考になりません。

　③では、発がんのイニシエーションと関わりがあると考えられ
ている放射線損傷が、低線量域で被ばく線量とどのような関係が
あるのかを正確に測定したデータは、今のところありません。

　それでも国際放射線防護委員会（ICRP）がLNT仮説を採用して
いるのは、被ばくの過小評価を避けるという目的のためです[*10]。

　LNT仮説はICRPが述べているように、放射線防護を目的とし

＊8　たとえば、正常なハエの目は丸く、突然変異を起こしたハエの目は棒状になる。
＊9　精子は遺伝子を送りこむために身軽になった細胞で、DNA修復系はもっていない。
＊10　ICRPの提言に、「LNTモデルは生物学的事実として世界的に受け入れられているの
　　　でなく、むしろ我々が低線量域の被ばくにどの程度のリスクが伴うのかを実際に知
　　　らないため、被ばくによる不必要なリスクを避けることを目的とした公共政策のた
　　　めの慎重な判断である」と書かれている。

て使うべきもので、生物学的事実ではありません。ですから、**LNT 仮説を使って「放射線を○○mSv浴びた人が○○人いたから、○○人ががんになる」といった計算をするのは、間違い**なのです。

◎ヒトに遺伝的影響は見つかっていない

放射線の遺伝的影響はショウジョウバエの実験で見つかりましたが、ほ乳類でもネズミで見つかっています。ところが**ヒトでは、放射線による遺伝影響は見つかっていません。**

広島・長崎で、原子爆弾から高線量を浴びた親から生まれた子どもには、遺伝的影響は見られません[*11]。また、原爆被爆後 1 年以上経過した1946〜54年のあいだに、広島市と長崎市で生まれた 7 万 7 千人の新生児について、親の被ばくによる出生時の奇形への影響を調べたところ、被ばくしていない親から生まれた子どもと比べて、有意な差はありませんでした。

広島と長崎の被爆者で遺伝的影響が見つかっていないのですから、被ばく量がはるかに少ない福島県で遺伝的影響は現れません。

ネズミで遺伝的影響が観察されるのに、ヒトでは観察されないのはなぜでしょうか。ネズミの実験では数種類の遺伝子が選ばれて、それに人工的に突然変異を作ったのですが、その遺伝子はたまたま放射線の影響を大きく受けるものでした。ネズミのその他のほとんどの遺伝子は影響をあまり受けないし、ヒトではこのような放射線影響を受けやすい遺伝子は見つかっていません。

　＊11　両親もしくは片親が高線量を浴びた子どもと、両親とも被ばくしていない子どもで、DNA の中のマイクロサテライトと呼ばれる部分の変異率に差があるかどうかを調べた結果による。

8 放射線障害はどのように起こるの？

放射線が細胞に照射されると、水分子が分解して化学反応性が非常に高いラジカルが作られます。ラジカルは核にあるDNAに傷をつけて、数日たつと細胞が死に始めます。

◎**放射線障害は細胞のDNAへの傷で起こる**

放射線被ばくで体に障害が起こるのは、体を作っている細胞が放射線によって傷つけられるからでした。それでは、放射線で細胞のどこに傷がつくのでしょうか。

細胞を顕微鏡でのぞくと、核と細胞質が見えます（下の図）。倍率を上げると、細胞質の中にミトコンドリアなどの細胞小器官も見えてきます。放射線を核に照射する[*1]と、細胞の死や突然変異が高頻度で起こります。ところが細胞質に照射しても、影響が見られないことが知られています。核は細胞の設計図であるDNAを収納していますから、**放射線が核にあたってDNAに損傷が起こることで、放射線障害が起こる**というわけです[*2]。

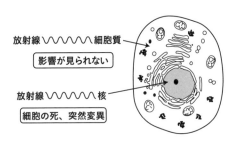

放射線 〜〜〜〜 細胞質
影響が見られない

放射線 〜〜〜〜 核
細胞の死、突然変異

＊1　アルファ線のマイクロビームを照射する。

＊2　放射線はすべての細胞内小器官に影響を与えるが、実際に観察される放射線障害は核への影響が引き金になっている。放射線に感受性の高い細胞がいくつも人為的に作られてきたが、それらはすべてDNAが放射線で切断された後に、それを再結合するタンパク質の活性を失った細胞である。このことから、放射線障害を決定づけるのは核の中にあるDNAであって、特にDNAの切断であると考えてよい。

◎放射線障害は電離と励起から始まる

放射線が細胞にあたると、細胞の中の水やほかの分子が電離・励起を起こします。これが、放射線障害の最初の引き金です。

電離は原子核のまわりを回っている電子（軌道電子）が原子の外に追い出される現象で、励起は内側の軌道から外側の軌道に押し上げられる現象でしたね。

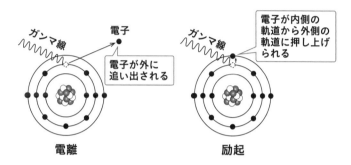

電離や励起が起こると、活性酸素やラジカルという化学反応を起こしやすい（反応性が高い）物質が作られます。細胞の75％は水ですから、**放射線が水にあたると活性酸素やラジカル＊3が作られてしまい、これがDNAに傷をつけるのです。**その過程は複雑なのですが、かいつまんでご説明します。

◎水の放射線分解でさまざまな活性酸素やラジカルができる

水（H_2O）は、水素（H）と酸素（O）の原子がもっとも外側の電子軌道で電子2個ずつを共有しあって結合し、安定した分子になっています。2個ずつペアになった電子（電子対）のうち、

＊3　活性酸素は反応性が高い酸素の分子種で、DNA や蛋白質を切断したり脂質を過酸化したりして細胞に障害を与える毒性をもっている。ラジカルは不対電子（原子や分子のもっとも外側の電子軌道で、2個ずつのペア（電子対）になっていない電子）をもつので化学反応性がきわめて高く、他の安定分子などとすみやかに反応する。放射線が水分子にあたって発生する活性酸素やフリーラジカルの中で、·OH（ヒドロキシラジカル）は特に反応性が強く DNA や蛋白質などを損傷する主役になっている。

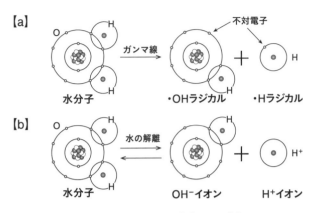

【a】

不対電子

O → H

ガンマ線

・OHラジカル ・Hラジカル

水分子

【b】

O → H

水の解離

OH⁻イオン H⁺イオン

水分子

水の放射線分解【a】と解離【b】

1個が失われて不対電子[*4]になると分子は不安定になって、化学反応性がきわめて高くなります。水の分子にガンマ線があたると、不対電子をもつ・OH（ヒドロキシラジカル）と・H（水素ラジカル）ができます[*5]（図の【a】）。

水分子が励起されたH_2O^*（＊は励起の意味）は、以下のように反応性がきわめて高い・OHをつくります。

$$H_2O^* \rightarrow \cdot H + \cdot OH$$

水分子が電離すると、非常に不安定な・H_2O^+が作られた後、・OHを生成し、さらに過酸化水素（H_2O_2）[*6]になります。

$$H_2O \rightarrow \cdot H_2O^+ + e^- \quad {}^{*7} \qquad \cdot H_2O^+ \rightarrow H^+ + \cdot OH$$

$$\cdot OH + \cdot OH \rightarrow H_2O_2$$

＊4 不対電子をもつものをラジカルまたは遊離基といい、化学式に点（・）をつけて表す。

＊5 放射線分解という。なお、水の分子は自然に解離して水酸化物イオン（OH⁻）と水素イオン（H⁺）になるが、いずれも不対電子をもたず、反応性は高くない（図の【b】）。

＊6 過酸化水素は活性酸素であるが、ラジカルではない。

＊7 e⁻は電子。水の分子は負電荷（－）と正電荷（＋）に分極しているので、e⁻のまわりに正電荷の部分がくるように水の分子が配列し、水和電子（e_{aq}^-）を生成する。

◎直接作用と間接作用

水分子にガンマ線があたって生成したラジカルは、右の図のようにDNAに傷をつけ[*8]、これを間接作用といいます[*9]。一方、ガンマ線が原子からはじき飛ばした電子が、DNAと直接反応して損傷を与えることもあります。こちらは直接作用といいます。放射線が起こすDNA損傷のうち、直接作用は30〜40％、間接作用は60〜70％といわれています。

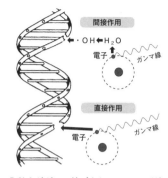

ＤＮＡがガンマ線（またはエックス線）によって受ける作用
出典：菅原努『放射線基礎医学』金芳堂（1992年）の図を一部改変

放射線照射の10^{-14}秒後には細胞内に電離や励起が起こり、照射1秒後にはDNA二重鎖切断が起こります。早ければ数秒後には、この切断が細胞内のタンパク質に認識されて修復が始まり、これが数時間続きます。細胞死が起こるのは数日〜数十日後で、これに伴って個体の死などの急性障害もこの時期に起こります。細胞のがん化が起こるのは、数年〜数十年たった後になります。

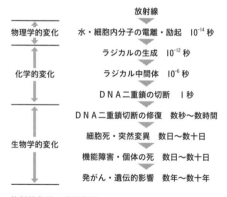

放射線作用の時間経過
出典：小松賢志『現代人のための放射線生物学』京都大学学術出版会（2017年）の図を一部改変

＊8　過酸化水素（H_2O_2）は細胞の中で、$\cdot O_2^-$（スーパーオキシドラジカル）や金属イオンなどが共存すると、$\cdot OH$を生成する。そのため、活性酸素の一種である過酸化水素も、DNA損傷の原因となる。

＊9　間接効果ということもある。直接作用も、直接効果ということもある。

9 DNAに傷がつくと必ずがんになるの？

DNA損傷は通常の生命活動でも、毎日大量に細胞の中で起こっています。生物は損傷を修復する仕組みを進化させてきたので、DNA損傷のほとんどは治ってしまいます。

◎1つの細胞で毎日、何万ものDNA損傷が起こっている

細胞に放射線が照射されるとDNA損傷[*1]が起きますが、DNAの傷は放射線だけがつけているわけではありません。細胞の中で起こっている酵素反応の偶発的な失敗や、酸素を使った呼吸反応、熱、さまざまな環境物質もDNA損傷を作っています。**1つの細胞で毎日、何万ものDNA損傷が起こっていますが、永続的な変異として残るのはごくわずか（0.02％足らず）であり、残りはDNA修復系が効率よく除去してしまいます。**

細胞1つで1日に生じて修復される内因性のDNA損傷

DNA損傷	1日あたりで修復される数
加水分解[*1]	
脱プリン反応[*2]	18,000
脱ピリミジン反応[*3]	600
その他の加水分解	100
酸化	4,500
非酵素的メチル化[*4]	7,300

※1：水が介在する化学反応によって塩基が欠損または変化する
※2：アデニン、グアニンがDNA二重鎖から外れる
※3：シトシン、チミンがDNA二重鎖から外れる
※4：アデニンがメチルアデニン、グアニンがメチルグアニンに変化

出典：Albertsら『遺伝子の分子生物学』2017年の表を一部改変

◎細胞はDNA修復に大きな力を入れている

DNA修復は、DNAに傷がないかを見回って、見つけしだい治

[*1] 放射線で作られたラジカルがDNA損傷の原因だが、ラジカルはさまざまな環境化学物質や紫外線でも作られるし、呼吸で取りこんだ酸素でエネルギー代謝をするときにも作られる。つまり、生きている限りラジカルの生成はさけて通れないもので、しかも生成される量も決して少なくない。

していく機能をもったさまざまなDNA修復酵素が担っています。**生物が生きていくために、DNA修復酵素はとても重要な役割をもっています。それは、細胞の設計図であるDNAが安定に保たれていないと、生物は生きていけないからです。**

　DNA修復酵素の遺伝子1個が異常になっただけで、修復能力が低下して病気になります（表）。色素性乾皮症[*2]は、太陽光を短時間浴びただけで強い日焼けを起こし、深刻な皮膚の病変や皮膚がんを起こします。*Brca1*、*Brca2*遺伝子に変異があると[*3]、遺伝性の乳がんや卵巣がんの原因になります。

ＤＮＡ修復の異常で起こるヒトの遺伝性疾患

名称	起こってくる疾患
色素性乾皮症	皮膚がん、紫外線感受性、神経障害
コケイン症候群	紫外線感受性、成長遅延・発育障害
血管拡張性失調症	白血病、リンパ腫、ガンマ線感受性
ＢＲＣＡ１	乳がん、卵巣がん
ＢＲＣＡ２	乳がん、卵巣がん、前立腺がん
ウェルナー症候群	早期の老化、複数種のがん
ブルーム症候群	複数種のがん、発育停止
ファンコニー貧血	先天的異常、発育停止

出典：Alberts ら『遺伝子の分子生物学』2017 年の表を一部改変

◎ＤＮＡの構造そのものが修復をしやすくしている

　DNAは次ページの図のように、2本のリボンが向き合ったらせん状の構造になっていて、DNA二重鎖といいます。2本の鎖（リボンの部分）には糖とリン酸が連なっていて、ここに4種類（アデニン（A）、グアニン（G）、シトシン（C）、チミン（T））の塩基が結合しています。片方の鎖の塩基はもう片方の鎖の塩基と、

　＊2　色素性乾皮症は日本人の出生2万2000人に1人というまれな遺伝病である。20歳以下の患者では、悪性の皮膚がんである「メラノーマ（悪性黒色腫）」が、健常人の2000倍発生しやすい。

　＊3　女優のアンジェリーナ・ジョリーが *Brca1* 遺伝子に変異があったことから、乳房と卵巣を予防的に切除したことが知られている。

水素結合という弱い結合を作って向き合っていて、Aの相手はT、Gの相手はCとしか向き合えない構造になっています。このように向き合う相手が決まっているため、片方のDNAの鎖で塩基の並び方が決まれば、もう片方の鎖の塩基の並び方は自動的に決まります[*4]。

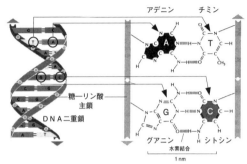

出典：Albertsら『遺伝子の分子生物学』ニュートンプレス（2017年）の図を一部改変

◎異常な構造を見つけて切り離し、正しい塩基を入れてつなぐ

DNAが損傷したところでは、次のような変化が起こっています。

①塩基損傷　DNAを構成する正常な塩基（A、G、C、T）が、天然にない異常な塩基に変わる。

②塩基の遊離　塩基がDNAからはずれてしまい、鎖に塩基がない「歯抜け」部位ができる。

③ＤＮＡ鎖の切断　糖が切断されて、DNA鎖が切れてしまう。

④ＤＮＡの架橋　塩基どうしが結合し、鎖のあいだに橋わたし（架橋）ができる。

①では、シトシン（C）のアミノ基（NH_2）がはずれると、ウラシル（U）という物質になります。**Uは正常なDNAには含まれないので、DNAをパトロールしている修復酵素は異常があると**

＊4　こういった構造を、相補的という。DNA二重鎖は相補的なので、もし片方の鎖のDNAに傷がついてしまっても、もう片方のDNAを鋳型として修復することができる。このように、DNAの構造そのものが修復をしやすくしている。

すぐに認識できます。②、③、④も同様に、正常なDNAにはそういった構造がないため、DNA修復酵素は異常だとわかります。

　DNA修復のうち、一般的なものをご紹介しましょう（下の図）。

　1つめは塩基除去修復で、異常な塩基を見つけて除去することから修復が始まります。図の一番上で、上側の鎖にUがあります。Uは異常な塩基なので、酵素が認識して除去します。反対側の鎖から、抜けた部分にCを入れればいいことがわかります。Cを挿入して鎖を連結すれば、修復は完了です（図の左）。

　もう1つの方法は、損傷の部分を鎖ごと切り取ります。上側の鎖にCとTのあいだに架橋があるので、これを認識した修復酵素は、その両側に切りこみを入れて鎖ごと除去します。反対側のDNAの並び方から、抜けた部分に塩基を相補的に合成し、最初に切りこみを入れたところで連結すれば修復は完了します（図の右）。

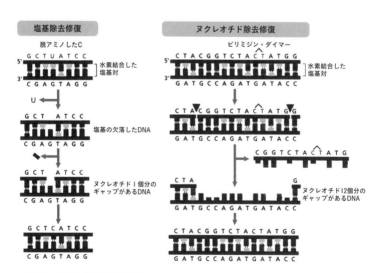

2種類の主要なDNA修復反応

出典：Albertsら『遺伝子の分子生物学』ニュートンプレス（2017年）の図を一部改変

◎二重鎖の切断も効率よく修復される

DNA損傷の中でも特に危険なのは、二重鎖の両方が同時に壊れてしまって、修復に使うための無傷の鋳型がなくなることです。**放射線照射によって、DNA二重鎖切断はしばしば発生しますが、生物はこの損傷に対応する修復機構ももっています。**

1つは切断されたところを、末端どうしでそのまま結合してしまう方法で、非相同末端連結*5といいます（下図の左）。もう1つは、細胞分裂が起こるときに複製されたDNAを鋳型として使い、相同組換え*6といいます（下図の右）。正常なDNAの鋳型があるので、損傷は正しく修復されます。大腸菌からヒトまでほぼすべて

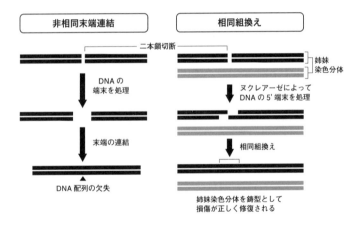

DNA二重鎖の切断を修復する2種類の方法

出典：Albertsら『遺伝子の分子生物学』ニュートンプレス（2017年）の図を一部改変

＊5　"やっつけ仕事"のようなもので、切断したところでDNA配列が変化する。しかし、ほ乳類のDNAは生存に不可欠な部分はごく少ないので、このやり方でも通用する。

＊6　細胞分裂が起こる際には、DNAが複製されて2倍に増える。細胞の中には父親と母親からもらった、2組のDNAのセットがある。そのため、1組のDNAで二重鎖切断が起こっても、もう1組のDNAは残っている。細胞分裂でもう1組のDNAが複製された際に、それを鋳型にして相同組換え修復をする。

の生物が、相同組換え修復をすることが知られています。

◎細胞分裂を止めて損傷をチェックし、治せなかったら自死する

　細胞の中にはDNA損傷をパトロールしているタンパク質があって、損傷を見つけると細胞分裂を止めて、その傷が修復されるのを待ちます。修復が完了すると細胞分裂が再開しますが、傷がひどくて修復しきれないと判断されると、その細胞は自分で死んでいきます[7]。このようなチェック機構でも、生存にとって都合の悪いDNA損傷を排除しているのです。

こうしたしくみをくぐり抜けたわずかなDNA損傷ががん細胞になるわけですが、さらに免疫系の監視が待ち受けています。

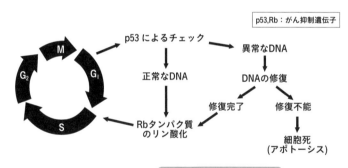

p53,Rb：がん抑制遺伝子

p53 によるチェック → 異常なDNA

正常なDNA　　DNAの修復

修復完了　　修復不能

Rbタンパク質
のリン酸化

細胞死
(アポトーシス)

G₁ 期　前回の分裂後に静止状態で休憩
S 期　分裂のために活発にDNAを合成
G₂ 期　再び休憩をとって分裂に備える
M 期　細胞分裂を行う

体細胞のＤＮＡが損傷を受けると
細胞増殖の歯車をいったん止めて
損傷を修復する

細胞周期におけるチェック機構

＊7　アポトーシスという。

10 放射線を浴びたら影響はどのくらいあるの?

放射線を浴びた量（被ばく線量）の単位にはいろいろなものが
あり、それぞれで意味が異なっています。ちょっと面倒ですが、
何を測っているのかを理解するのが大事です。

◎放射線を浴びた量（被ばく線量）にはいろいろな定義がある

放射線を浴びたときの影響（放射線影響）は、「放射線を浴び
たか浴びないか」ではなく、「どのくらいの量の放射線を浴びたか」
によって違ってきます。放射線を浴びた量を被ばく線量といいま
すが、被ばく線量の定義にはいろいろなものがあります。

**被ばく線量として最初に考案されたのは吸収線量で、単位はグ
レイ (Gy) です。**人体などの放射線を照射された物質（被照射物質）
は、放射線のエネルギーを吸収します。そのとき、**物質1キログ
ラムあたりに吸収される放射線のエネルギーが1ジュール (J)
だと、吸収線量は1Gyである**[*1]と定義されています。

被照射物質という言葉が使われていることからわかるように、
吸収線量は人体だけでなく、被ばく線量としてすべての物質に適
用できます。その意味では使い勝手のよい単位なのですが、人体
に対する被ばく影響について評価する場合には問題があります。
たとえば、アルファ線を1Gy被ばくした場合とガンマ線を1Gy
被ばくした場合では、前者のほうがはるかに影響が大きいからで
す[*2]。

[*1]　ジュール (J) はエネルギーや仕事などの単位で、「1ニュートン (N) の力がその
力の方向に物体を1メートル (m) 動かすときの仕事」が1Jと定義されている。
102グラムの物体を1m持ち上げるときの仕事が、1Jに相当する。

[*2]　人体への影響が違う原因は、人体内を通過するときに引き起こす電離や励起の密度
（放射線が1マイクロメートル飛んだときに生ずる電離や励起の数）が、放射線に
よって異なるからである。

◎人体への影響を考慮して考案された等価線量

このように吸収線量は、人体に対する放射線の影響を評価する尺度として正確でありません。そこで考案されたのが等価線量（単位はシーベルト、Sv）です。

ある臓器・組織の等価線量は、放射線の種類やエネルギーの大きさによって決められる放射線荷重係数という補正値を、その臓器・組織の平均吸収線量にかけ算して求めます

放射線の種類	放射線 加重係数
ガンマ線、エックス線*1	1
電子、ミュー粒子*1	1
中性子*2	2.5 〜 20
陽　子*3	5
アルファ線、核分裂片、重原子核	20

放射線加重係数

※1　すべてのエネルギーの範囲
※2　エネルギーによって係数が異なる
※3　エネルギーが2MeV（200万電子ボルト）を超えるもの
　　　電子ボルトは放射線のエネルギーを表す単位

臓器・組織の等価線量＝臓器・組織の平均吸収線量×放射線荷重係数

シーベルト（Sv）＝グレイ（Gy）×放射線荷重係数

等価線量を使えば、放射線の種類やエネルギーの大きさの違いによって、人体に与える影響の程度が違うことにも対応できるようになりました。ところが被ばくといっても、全身が被ばくするのか（全身被ばく）、あるいは限られた部分だけが被ばくするのか（局所被ばく）によって、人体に対する影響の程度は異なります。また、被ばくの影響を受けやすい（放射線感受性が高い）組織も含めて、人体すべてが被ばくする全身被ばくのほうが、局所被ばくより影響の程度は大きいのです。さらに、同じ1Svの局所被ばくでも、臓器・組織によって放射線感受性が異なるので、どこが被ばくしたのかによっても影響の程度は異なります。

◎被ばくによる発がん影響を一律に評価する実効線量

そこで、**全身被ばくか局所被ばくかの違いや、被ばくした組織の種類を考慮して、被ばくが原因で生ずる発がんと遺伝的影響の程度を一律に評価するために考案されたのが実効線量（単位はシーベルト、Sv）です。**

実効線量は、組織荷重係数（個々の臓器・組織の放射線感受性を表す）という補正値を臓器・組織の等価線量にかけ算し、それをすべての組織について足し算した値です。

組織加重係数

臓器・組織	組織加重係数
乳　房	0.12
脊髄（赤色）	0.12
結　腸	0.12
肺	0.12
胃	0.12
生殖腺	0.08
甲状腺	0.04
食　道	0.04
肝　臓	0.04
膀　胱	0.04
骨表面	0.01
皮　膚	0.01
脳	0.01
唾液腺	0.01
残りの臓器・組織	0.12

実効線量＝臓器・組織１の等価線量×臓器・組織１の組織荷重係数

＋臓器・組織２の等価線量×臓器・組織２の組織荷重係数

＋臓器・組織３の等価線量×臓器・組織３の組織荷重係数

…

＋臓器・組織ｎの等価線量×臓器・組織ｎの組織荷重係数

◎放射線測定器に表示される単位は線量当量のシーベルト

ここまで読んだ方は、**同じシーベルト（Sv）でも違った意味がある**ことがおわかりだと思います。混乱してしまいそうですが、Svにはさらに別の意味もあるのです。

　ところで、実効線量を求めるためには、すべての臓器・組織で等価線量を測定しなければなりません。そんなことを放射線被ばく量を管理する現場でおこなうのは困難なので、実効線量は実用的な単位とはいえません。そこで、**実効線量の実用量（代用になる量）として使われているのが、1センチメートル（cm）線量当量です。**この1cm線量当量も、単位はシーベルト（Sv）です。

　1cm線量当量は、元素の組成と密度が人体と同じ人体模型で、深さ1cmのところで吸収線量を測定して、それに放射線荷重係数をかけ算した値です。

1cm 線量当量＝深さ 1cm の箇所での吸収線量×放射線荷重係数

シーベルト（Sv）＝グレイ（Gy）×放射線荷重係数

　人体の各臓器・組織（皮膚、眼の水晶体は除く）は、1cmより深いところに存在しています。そのため、**人体表面から1cmの深さで求めた1cm線量当量は、実効線量や臓器・組織の等価線量よりも大きな値になります。**そうだとすれば、「被ばく線量を1cm線量当量で測定して、その値が放射線障害防止法[*3]などの定める被ばく線量の上限値を超えなければ、実効線量や臓器・組織の等価線量も上限値を超えることはない」となります。放射線被ばく量の管理は、この考えに基づいてなされています。

　市販されているサーベイメータ（携帯用の放射線測定器）は、1cm線量当量率を表示するように設計されています。なお線量当量には、周辺線量当量（測定している場所の放射線の強さを示す）と、個人線量当量（一人ひとりの被ばく量を示す）があります[*4]。

＊3　放射性同位元素等による放射線障害の防止に関する法律。
＊4　サーベイメータや原発の周辺に設置されているリアルタイム線量測定システムは周辺線量当量率（単位は1時間あたりマイクロシーベルト〔μSv/ 時〕）、ガラスバッジなどの個人線量計は個人線量当量（mSv）を測定している。また、原発周辺に設置されている固定型モニタリングポストと、自動車に積まれて各地を回って測定する可搬型モニタリングポストは吸収線量率を測っていて、単位はμGy/ 時。

11　放射性物質は無限に体にたまり続けるの？

私たちが放射性物質で汚染された食品を毎日食べ続けても、蓄積しながら崩壊と排せつ作用で減っていきます。実効半減期の5〜6倍の時間がたつと平衡状態になりそれ以上は増えません。

◎摂取と排せつのバランスで体内へのたまり方が決まる

　放射性物質で汚染した食品を少しずつでも食べ続けたら、体の中に無限にたまり続けてしまうのでしょうか。

　放射性物質は、放射線を出して[*1]安定になったら放射能はなくなり、やがてもとの量の半分になります。半分になる時間を物理的半減期といいます。体内に取りこまれた放射性物質は排せつ作用でも減り、その半減期が生物学的半減期です。これらから、**放射性物質で汚染された食品を食べ続けると、体の中にたまっていく一方で、崩壊と排せつで減っていく**ことがわかります。その様子は、浴槽（風呂おけ）に水を入れたときのたまり方にたとえられます（図）。

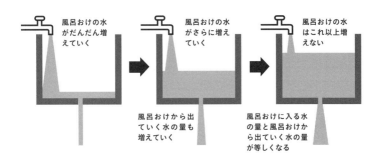

風呂おけの水がだんだん増えていく

風呂おけの水がさらに増えていく

風呂おけの水はこれ以上増えない

風呂おけから出ていく水の量も増えていく

風呂おけに入る水の量と風呂おけから出ていく水の量が等しくなる

＊1　放射能をもつ原子が、放射線を出して別の原子に変わることを、崩壊という。

　浴槽の底の栓を開けたまま、蛇口から勢いよく水を入れ始めると、浴槽に水がたまっていきます。さらに水を入れ続けると、浴槽から出ていく水の量も増えていき、どこかの時点で入る量と出ていく量がつり合って、浴槽の水はそれ以上増えなくなります。

◎食べる量が少ないほど平衡になったときの量は少なくなる

　体内への放射性物質のたまり方をグラフにすると、右のようになります。

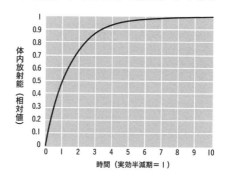

　放射性物質の摂取が始まった後、実効半減期[*2]のほぼ5〜6倍の時間がたつと、摂取量と排せつ量がバランスして平衡状態に達し、それ以上蓄積されなくなります。どのレベルで平衡状態になるかは、1日あたりの摂取放射能をA（ベクレル〔Bq〕／日）、実効半減期をT_{eff}（日）、平衡状態での体内蓄積量をQ（Bq）として、下の式で計算できます[*3]。

$$Q = 1.44 \times A \times T_{eff}$$

　この式から、食事で毎日摂取する放射性物質の量が少なければ少ないほど、平衡状態の体内放射能は小さくなることがわかります。また、実効半減期が長ければ長いほど、平衡状態の体内放射能は大きくなります。

＊2　物理的半減期をT_p、生物学的半減期をT_bとすると、実効半減期T_{eff}は$T_{eff} = T_p \times T_b ／（T_p + T_b）$で計算できる。詳しくは129ページをご覧ください。

＊3　セシウム137（実効半減期70日）の場合、もし1日100Bqずつ摂取すれば、Q = 1.44 × 100（Bq／日）× 70（日）= 10,080Bqとなる。

12 放射線の害は人工か天然かで変わるの？

「生物は天然の放射線には慣れているので安全だけど、人工放射線は初めて浴びるものなので危険」といった話があります。「天然か人工か」によって危険性に違いがあるのでしょうか。

◎原子核が放射線を出す性質に「天然・人工」の違いはない

原子核が不安定なので、ひとりでに放射線を出す性質を放射能といい、原子核が安定か不安定かは、陽子の数と中性子の数のバランスで決まっています[*1]。**原子核が不安定なのは、中性子が多すぎるか少なすぎるかが原因なので、その放射性物質が自然にできたものか人間が作ったものかは、まったく関係がありません。**

たとえば、水素3（トリチウム）という放射性核種は、天然では宇宙線が空気にぶつかってでき、人工では核兵器の爆発や原発の運転でできていますが、両者の性質はまったく同じです。

◎目の前を飛んだ放射線が「天然か人工か」は区別できない

一方、原子の化学的性質は、一番外側の電子殻に入っている電子（価電子）の数によって決まっています[1*]。カリウムとセシウムは化学的性質がとても似ていますが、それは価電子が両方とも1個で同じだからです。食べ物から摂取したカリウムとセシウムは、体の中に同じように分布していますが、化学的性質が似ているからそうなります。

カリウム40とセシウム137は、ベータ線を出します。ベータ線のエネルギーは、同じ種類の原子核から出てきても1つひとつで

*1　詳しくは「1-1　『原子』と『原子核』ってどんなもの？」をご覧ください。

宇宙線が作ったものでも
核兵器や原発でできたものでも
水素 3（トリチウム）の性質はまったく同じ

・陽子 1 個と中性子 2 個の原子核
・半減期は 12.33 年
・ベータ線を出す。エネルギーが
　とても弱くて、飛ぶ距離は短い

違っています[*2]。カリウム40とセシウム137のベータ線はそれぞれ、いろいろなエネルギーのものが混じっていて、両者が混在して飛んでいるところでは、**1つひとつのベータ線がカリウム40から出たのかセシウム137から出たのかは、まったく区別できません。**

　つまり放射線や放射性物質は、天然か人工かで性質に違いはなく、危険性にも違いはないのです。

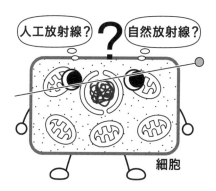

人工放射線？　**？**　自然放射線？

細胞

＊2　詳しくは「I-2　放射線ってどんなふうに飛んでいるの？」をご覧ください。

13　内部被ばくは外部被ばくより危険なの?

> ベータ線もガンマ線も、体に対する影響は高エネルギーの電子によって起こります。同じ線量の放射線を浴びたら、損傷の大きさにベータ線とガンマ線で違いはありません。

◎「ベータ線はガンマ線より危険」って、本当なの?

福島第一原発事故の後に、「内部被ばくは、外部被ばくよりも危険」という話を聞くことがあります。体の中からの放射線のほうが危険というのは、もっともらしい気がしますね。

アルファ線を出す核種なら、体の外にある場合は皮膚の表面でアルファ線は止まってしまうので、外部被ばくは問題になりません。ところが体内に入ってしまうと、アルファ線がせまい範囲に大きなダメージを与えるので、とても危険です。アルファ線だったら「内部被ばくは、外部被ばくよりも危険」はその通りなのですが、話題になっているのはベータ線とガンマ線です。

「ベータ線はガンマ線より危険」なので、「内部被ばくは、外部被ばくよりも危険」という話がありました[*1]。その理由は、「ベータ線を出す放射性核種が体の中に取りこまれると、細胞内のせまい範囲にエネルギーが集中的に浴びせられるので、広い範囲に薄くエネルギーが与えられるガンマ線より危険」ということです。

本当に、「ベータ線はガンマ線より危険」なのでしょうか。

＊1　福島第一原発事故の後に、「臓器・組織が同じ線量（たとえば 100 ミリシーベルト）を被ばくした場合でも、内部被ばくは外部被ばくより危険性が大きい」という主張が、一部の本などでおこなわれた。これは何十年も前に間違いだと解明されていたのに、また蒸し返されて被災地の方々に無用の心配を与えた。

◎放射線障害は電離と励起が引き金になる

　放射線による障害は、私たちの体の細胞に含まれる原子に放射線のエネルギーが吸収されて、電離や励起が起こることで引き金が引かれます。電離や励起が起こった原子は、DNAなどの分子に損傷を与えます。損傷は細胞の代謝によって拡大して、臓器や組織の障害につながっていきます[2]。

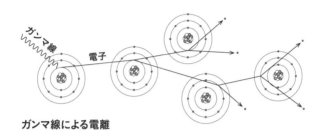

ガンマ線

電子

ガンマ線による電離

◎ベータ線による電離と励起

　ベータ線は原子核から出てくる電子で、原子核やそのまわりを回る電子とクローン力による作用を及ぼしあいます[3]。

　電子と原子核がクーロン力を及ぼしあうと、電子よりも原子核の質量のほうがはるかに大きいので、ベータ線が一方的に曲げられます。一方、軌道電子の質量はベータ線と同じなので、軌道電子と相互作用するたびに斥力でベータ線は進路を大きく曲げられます（上の図）。そのため、**ベータ線は千鳥足のように物質中を進んでいき、進路が曲げられるたびに周辺に電離や励起を起こします。**

＊2　詳しくは「3-8　放射線障害はどのように起こるの？」をご覧ください。
＊3　－（マイナス）と－のように同じ電気をもった２つの粒子のあいだには斥け合う力（斥力）が、＋と－のように異なる電気をもった２つの粒子のあいだには引き合う力（引力）がはたらく。このような力をクーロン力という。

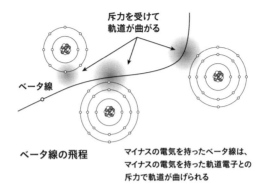

斥力を受けて
軌道が曲がる

ベータ線

ベータ線の飛程

マイナスの電気を持ったベータ線は、
マイナスの電気を持った軌道電子との
斥力で軌道が曲げられる

◎ガンマ線による電離と励起

ガンマ線は、不安定な原子核から出てくる電磁波です。ガンマ線と原子の間で起こる相互作用には、以下のように光電効果[*3]とコンプトン効果[*4]があります（下の図）。

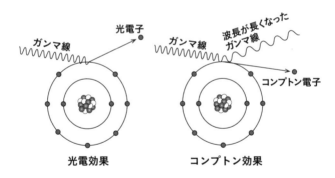

光電子

ガンマ線

光電効果

波長が長くなった
ガンマ線

ガンマ線

コンプトン電子

コンプトン効果

＊3　アルベルト・アインシュタインは光電効果の発見により、1921 年にノーベル物理学賞を受賞した。

＊4　アーサー・コンプトンはコンプトン効果の発見により、1927 年にノーベル物理学賞を受賞した。

光電効果が起こると、ガンマ線が原子に吸収されて消滅し、そのエネルギーを受け取った軌道電子が外に放出されます。そして、光電効果で飛び出した電子（光電子）は、ベータ線と同じように電離や励起を起こしながら物質中を透過していきます。

コンプトン効果では、ガンマ線が軌道電子を突き飛ばして放出させ、自分もエネルギーの一部を失って散乱されます[5]。突き飛ばされた電子をコンプトン電子といい、この電子も二次的に電離や励起を起こしながら物質中を透過していきます。

◎同じ被ばく量だったら外部と内部で影響に変わりはない

ガンマ線の体に対する作用はこのように、光電効果やコンプトン効果という相互作用を媒介にした、間接的な電離や励起によって起こっています。また、ガンマ線による電離と励起の99.9％以上は、二次電子（光電子やコンプトン電子）によるものです。

すなわち、ベータ線もガンマ線も、体に対する影響は高エネルギーの電子によって起こることに何ら変わりがありません[6]。ベータ線とガンマ線の作用は基本的に同じなのですから、作用の大きさを決めるのは、「ベータ線かガンマ線か」の違いではなくて、「浴びた放射線の量がどのくらいなのか」ということになります。

ベータ線もガンマ線も、被ばく線量が同じなら損傷の程度に違いはないのですから、「量は同じでも、外部被ばくでガンマ線を浴びるよりも、内部被ばくでベータ線を浴びたほうが危険」は間違いだということがわかります。同じ被ばく量なら、外部被ばくでも内部被ばくでも影響の大きさに変わりはないのです。

＊5　光が物質と相互作用することによって、飛ぶ方向を変えられること。

＊6　放射線の種類やエネルギーの大きさによって決められる放射線荷重係数（放射線の危険の大きさを表す）は、ベータ線とガンマ線でいずれも1で同じである。一方、アルファ線は20である。詳しくは「3-10　放射線を浴びたら影響はどのくらいあるの？」をご覧ください。

第4章
放射線と放射性物質の
いろいろな利用

1　放射線でどうやって病気を診断するの?

> エックス線の通りやすさが臓器や病気で違うのを利用して、体の中の状態を外から観察することができます。放射性物質を投与して体内の分布を調べることでも、病気が診断できます。

　放射線は物質を透過したり、物質にエネルギーを与えて電離や励起[*1]を起こしたりします。また、放射線を生物に照射すると遺伝子に変異が起こったり、大量に浴びた場合は死んでしまったりすることもあります。19世紀の末にレントゲンがエックス線を発見して以来、人間はそのような性質をふまえて、さまざまな分野で放射線や放射性物質を利用してきました。この章では、これらの利用についてご紹介します。

◎病気を見るために放射線を使う

　人間は生きている限り、病気と無縁ではいられません。病気のときに、**いったいどんな病気なのかを知るためには、生きた人間の体の中を外部から観察する必要があります。**皆さんも病院で打診や聴診を受けたことがあると思いますが、これらで体内を見ることはできません。そこに登場したのがエックス線です。**エックス線を使うと、人間の体を透かして見ることができます。**

◎エックス線の通りやすさの違いを利用する

　エックス線は、かつて国民病ともいわれた肺結核[*2]の診断に使

＊1　詳しくは「1-3　電子レンジも放射線を出すの?」をご覧ください。

＊2　結核は、結核菌という細菌が原因で起こる病気。結核菌を発見したのはローベルト・コッホで、1882年のことだった。かつて結核は、人類にとってもっとも重要な感染症といわれ、世界中で死亡原因の7分の1をしめていた。日本でも1950年まで死亡原因の第1位が結核であり、「国民病」ともいわれた。

われました。最初はものめずらしさからさかんに使われたエック
ス線でしたが、打診や聴診を超えるものではありませんでした。
その後、撮影機器の発達と写真の「読み方」の進歩によって、肺
結核とのたたかいで重要な役割を果たすようになりました。

　結核の流行を断ち切るためには、結核菌を咳やくしゃみで排出
している人を全部見つけて、治癒する必要があります。そのため
には**大規模な集団検診で使えるエックス線撮影法が必要になり、
映画に使われていた技術の改良でそれが可能になりました**[*3]。

　それでは、エックス線による病気の診断はどのようにするので
しょうか。図の左は、胸のエックス線写真です。白く写っている
のが骨や心臓で、黒いところが肺です。こうした違いが出るのは、
物質によってエックス線を吸収する量が違うからです（図の右）。
原子番号が高く[*4]**密度が大きい組織ほどエックス線を吸収するの
で、骨や心臓を通るとフィルムに到達する量が少なくなり、白い
画像になります。**一方、肺には空気がつまっているのでエックス
線は透過して、黒い画像になります。しかし、肺炎になって肺に
水がたまるとエックス線がそこだけ透過しにくくなり、白っぽい
画像になります。

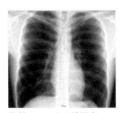

胸部のエックス線写真
出典：Wikipedia

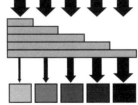

照射したエックス線の量

臓器や組織

透過したエックス線の量

エックス線画像の濃度

＊3　体を透過したエックス線で蛍光板が光るのをカメラで撮影する。間接撮影法という。

＊4　エックス線をどのくらい吸収するかは、通り道の物質の厚さや密度、原子番号で異
　　なる。原子番号の影響は特に大きく、その4乗で吸収しやすくなる（原子番号が2
　　倍になると、2の4乗で16倍の吸収になる）。人体の組織を原子番号に換算すると（実
　　効原子番号という）、筋肉は6.3、脂肪は7.4、骨は11.6くらいである。ここに原子
　　番号56のバリウムを造影剤で使うと、大きなコントラストができる。

◎造影剤は影を作って見やすくする

骨や肺などと違って、胃や腸はこうしたやり方では見ることができません。それは、胃や腸とまわりの筋肉や体液のあいだで、エックス線の吸収量に大きな差がないからです。

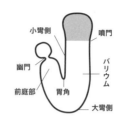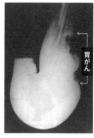

胃の構造（左）と造影写真（右）
出典：舘野之男『画像診断』中公新書（2002年）を一部改変

　こんな場合には、**影を作ってやれば胃や腸が見えやすくなります。影を作るための薬剤を造影剤といい、胃の検査で使う硫酸バリウムは、その一例です。**バリウムは原子番号が大きいのでエックス線が透過しにくく、胃の壁にバリウムが付着するとコントラストが強くなって、胃の形や動きを検査することができるのです。

◎ＣＴは体の断面を見ることができる

エックス線写真では、臓器は重なり合って見えます。たとえれば、たくさんの紙が貼りついた古文書を透かして読むようなもので、読み取るのは大変です。

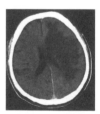

エックス線CT写真（左）脳出血、（右）脳梗塞
出典：舘野之男『画像診断』中公新書（2002年）

1枚ずつはがして読みたいものですが、それがCT[*5]**によってできるようになりました。**これで臓器の重なりがなくなり、小さな病変もわかるようになりました。

たとえば、脳出血と脳梗塞は治療法が大きく違うので、できる限り早く見分けることが必要です。ところが両者は、脳卒中とひとくくりにされるほど症状が似ているので、どう区別するかが大きな課題でした。ところが**CTによって、「白ければ出血、黒ければ梗塞」と明快に区別できるようになった**のです（前ページの下図）。

現在のCTは、エックス線管を連続回転しながら寝台を移動させて撮影し、コンピュータで画像処理することで、自在に断面を選んで画像を見ることができるようになっています[*6]。

◎**放射性物質を使って病気を診断**

これまでご紹介した検査は、エックス線を体に照射しておこなう検査でした。これからご紹介するのは、放射性物質を使って体の中を外部から観察する検査[*7]です。

この検査は、**病気の目印になる物質が、体の中でどのような分布をしたり動きをしたりするのかを画像にするもので、放射性同位体が出す放射線を目印にして物質の動きを追跡します。**テクネチウム99m（[99m]Tc）はRI検査でよく使われていて、次ページの写真は[99m]Tcをリン酸化合物に結合させた薬剤を静脈に注射し、骨に集まるのを待って撮影した結果です。この検査を骨シンチグラムといい、ここでは前立腺がんの骨転移を調べています。

＊5　CTはコンピュータ断層撮影（Computed Tomography）のこと。

＊6　従来は20枚の画像を得るために、検査を受ける人が20回呼吸を止めることが必要で、これに要する時間とCTの移動に必要な時間をたして、10分ほど必要だった。しかし、ヘリカルCTでは20秒ほど呼吸を止めるだけで、20枚の画像を得ることができる。

＊7　RI検査あるいは核医学検査という。

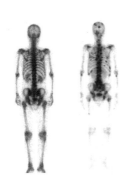

骨シンチグラム

30分ほどで全身の検査ができ、
転移を早い時期に発見できる

【左】前立腺がん
骨シンチに異常は認められない

【右】前立腺がん
骨シンチに多数の異常な集積が
認められる。多発骨転移

出典：舘野之男「画像診断」の図を一部改変

　薬剤が集まったところが、^{99m}Tcから出るガンマ線によって黒く写し出されます。正常な骨の部分に薬剤が集まってきますが、がんが転移した場所も黒く写ります（図）。左は、骨だけが黒く写っていて、がんの転移は見られません。一方、右は前立腺がんの転移による黒い点が、あちこちに散らばっているのが見られます。
　RI検査に使う放射性同位体には、特定の疾患や臓器に集まりやすいこと、半減期が短くて排せつも速いことが求められます。

◎脳の機能を調べることができるようになった

　放射性同位体の中には、陽電子を放出するものがあります。普通の電子は電気がマイナスですが、陽電子はプラスです。放出された陽電子は飛んでいるうちにエネルギーを失っていき、最後は電子とぶつかって２本のエックス線を出して消えます。このエッ

＊8　ポジトロン断層撮影（Positron Emission Tomography）。

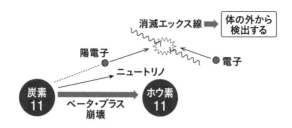

　下の図は、陽電子を放出する炭素11を使って、脳の中のコリンエステラーゼ*9という酵素の活性を調べたものです。アルツハイマー病の患者では、認知症が進行するのにつれて、コリンエステラーゼの活性も下がっていくことが知られています。下の図では、白い部分でコリンエステラーゼが働いています。アルツハイマー病の患者（右）は活性が低下している*10のがわかります。

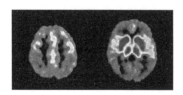

健常人

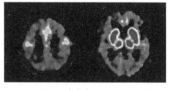

アルツハイマー病患者

アルツハイマー病患者では、健常人に比べて明らかに
コリンエステラーゼ活性（白い部分）が低下している。

出典：放医研ニュース No.10（1997年7月号）, p.1 を一部改変

＊9　コリンエステラーゼは、神経情報の伝達を担う物質であるアセチルコリンを分解するはたらきをもつ。神経伝達をおこなうためには、神経細胞から放出されたアセチルコリンを速やかに分解しなければならない。サリンなどの神経ガスは、コリンエステラーゼの活性を失わせてしまう（失活）ことにより毒性を出す。
＊10　白いところの面積が少なくなっている。

2 放射線でどうやってがんを治療するの?

> がんの放射線治療は、未分化な細胞や分裂がさかんな細胞ほど
> 放射線感受性が大きいことを利用しています。正常組織に傷を
> つけずに、がん病巣に集中して照射する技術が進んでいます。

◎放射線によるがん治療はフライングで始まった

病気の診断に使われている放射線は、治療にも利用されています。レントゲンが発見した翌年(1896年)に、エックス線はがん治療に使われ始めましたが、効果があるという根拠はまだありませんでした。ところが、エックス線治療への熱狂はすさまじく、アメリカ医師会が会員に対して警告を発するほどでした[1]。

最初の成功例は1899年、スウェーデンのステンベックとシェーグレンが、72歳の女性の鼻にできた皮膚がんにエックス線を照射して治癒させたものでした。当時のエックス線管はエネルギーが弱く、対象は体の表面のがん(皮膚、乳房など)だけでした。

がんの放射線治療には、①臓器の温存が可能、②患者の生活の質の維持(QOL)にすぐれている、③手術がむずかしい高齢者でもできる、といった利点があります。そのため、日本では最近、がん患者の4人に1人が放射線治療を受けています[2]。

◎正常組織に傷をつけずに、がん病巣を縮小させる

放射線影響の受けやすさ(放射線感受性)は、未分化な細胞や

---

*1 アメリカ医師会は 1896 年 2 月 15 日、会報に「エックス線治療の可能性はすでに一般人の空想の玩具になってしまっているが、将来の研究を待たねばならない。まだ、その可能性があるかどうかを議論できる段階ではない。陰極線浴、エックス線治療などの宣伝が広くおこなわれるだろうことは疑いないが、精密な科学研究によって事態がもっとはっきりするまでは、手を出すのは差し控えられたい」と書いた。
*2 欧米での放射線治療を受ける割合は、がん患者の半分ほどになっている。

分裂がさかんな細胞ほど大きいことが知られています。がんの放射線治療は、このことを応用しています。

　一方、がん細胞の塊（がん病巣）のまわりには正常な組織や臓器があるので、放射線があたるとこれらにも障害が起こります。**がんの放射線治療をおこなう際には、正常組織にできるだけ障害を与えず、がん細胞だけ死滅させる必要があります**[*3]。

　がん病巣に放射線をあてると、線量が増えるのにしたがって死んでいくがん細胞が増えていき、その増え方はS字状です（図）。正常組織も放射線をあてると、S字状で障害が出ていきます。その際に、がん病巣の大きさを80〜90％縮小させる[*4]線量を腫瘍致死線量(TLD)、正常組織で5％

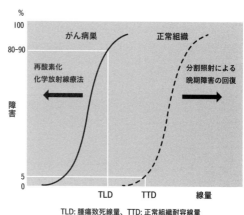

TLD: 腫瘍致死線量、TTD: 正常組織耐容線量
治療可能比 TR = TTD/TLD

がん放射治療の考え方
出典：小松賢志『現代人のための放射線生物学』京都大学学術出版会（2017 年）

の確率で障害が発生する線量を正常組織耐用線量（TTD）といいます。両者の比（TTD/TLD）を治療可能比（TR）といい、**TRが1あるいは1以上であれば放射線治療が可能**ということになります。

　*3　がんの放射線治療をする際には、がんに接している正常な臓器の機能が温存できる
　　　放射線量を上限として放射線を照射する。

　*4　がん病巣はもとの大きさの 10 〜 20％になる。放射線治療では、がん細胞を死滅さ
　　　せて病巣をもとの 10 〜 20％に縮小すれば、生き残った細胞も免疫系の攻撃を受け
　　　て死滅するといわれている。

◎がん細胞と正常細胞の放射線感受性を変えて治療効果を高める

がん病巣を80〜90％縮小させる腫瘍致死線量（TLD）は、固定したものではありません。がんが大きくなると前ページのS字状の曲線は右に移動して、がんの治療はむずかしくなります。一方、がんの放射線感受性を高めれば、曲線は左に移動して治療成績がよくなります。また、正常組織で５％の確率で障害が発生する正常組織耐用線量（TTD）も、放射線を分割して照射することなどで曲線を右に移動させ、障害を少なくすることができます。

つまり、**がんの放射線感受性を高めてTLDを左に移動させ、正常組織の抵抗性を高くしてTTDも右に移動させてやれば、治療可能比（TR）は高くなる**というわけです。

その１つのやり方が、酸素濃度が低いがん細胞（低酸素細胞）を減らすことです。なぜかというと、細胞内の酸素が欠乏すると、放射線感受性が低下するからです[*5]。

◎がん細胞に酸素を行きわたらせれば放射線の効果が高まる

体の中では毛細血管が隅々まで張り巡らされているので、通常は酸素が不足することはありません。ところががん病巣では、がんが増殖して大きくなるのに血管を新たに作るのが間にあわず、酸素の供給が足りません。血管の近くのがん細胞は活発に分裂しますが、血管から離れると酸素は途中のがん細胞が消費してしまいます。そのため、血管から離れた細胞は死に、血管に少しだけ近い細胞は低酸素状態で生き続けます（次ページの図の左）。

がん病巣には、放射線感受性の細胞（酸素細胞）と放射線抵抗性の細胞（低酸素細胞）があります。がん病巣に１回だけ放射線

＊5　放射線を照射する際に、酸素のある環境のほうが酸素のない環境よりも放射線感受性が高くなり、これを酸素効果という。空気中の酸素濃度から50分の１以下に酸素濃度を下げると、細胞に同じ損傷を与えるのに必要な放射線量は２〜３倍になる。これは、放射線による化学反応の初期（「3-8　放射線障害はどのように起こるの？」参照）には、酸素が必要だからである。

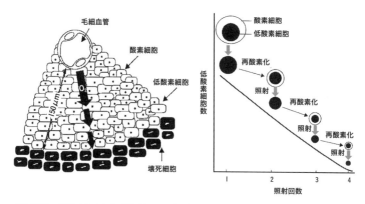

がん病巣の構造 (左) と分割照射による低酸素細胞の減少 (右)
出典：小松賢志『現代人のための放射線生物学』京都大学学術出版会（2017 年）

を照射すると、酸素細胞は死滅しますが低酸素細胞は生き残り、がん再発の原因になってしまいます。そのため**放射線治療では、低酸素細胞の根絶が大きな課題になっていました。**

　これを解決した１つの方法が、放射線の分割照射です。放射線を照射すると血管の近くのがん細胞は障害を受けて酸素消費量が減り、血管から離れた細胞にも酸素が届くようになります。すると低酸素細胞は酸素細胞に変わって[6]、放射線感受性が高くなります。ここに放射線を照射すると、また同じことが起こり、照射をくり返せば低酸素細胞はどんどん減っていって、最後にはすべてのがん細胞を死滅させることができます（図の右）。

＊6　「再酸素化」という。再酸素化の速度はがん病巣によって異なり、速いものは数時間で再酸素化し、遅いものは数日かかる。再酸素化したがん細胞に放射線を照射して、次の日まで残りの低酸素細胞の再酸素化をまって放射線を照射するという分割照射をくり返せば、酸素細胞と低酸素細胞が混在したがん病巣の放射線感受性を高めることができる。

◎照射方法の進歩でがん病巣を効果的に狙えるようになった

放射線治療に使うエック
ス線はけた違いにエネル
ギーが高いので、がん病巣
の治療の一方で皮膚もかな
り被ばくしてしまいます。
がん病巣だけを狙って放射
線をあてて、正常組織は被
ばくしないようにすること
でも、治療可能比（TR）
は高くなります。

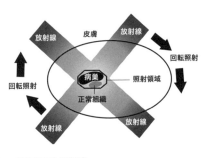

三次元原体照射法

患者を中心にして放射線を三次元で回転させる三次元原体照射
法がその1つです。

◎深部のがん病巣に"切れ味"がいい陽子線と重粒子線

エックス線やガンマ
線を体に照射すると、
皮膚に近いほど線量が
大きくなります。一方、
陽子などの粒子線[*7]
は、深いところへ行っ
て停止する寸前の場所
で集中して電離を起こ
し、それ以上深くには
到達しません。これを

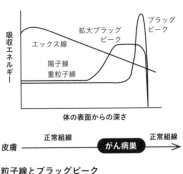

粒子線とブラッグピーク

出典：小松賢志『現代人のための放射線生物学』京都大学学術
出版会（2017 年）

＊7　陽子や中性子、原子核などの粒子が高いエネルギーをもって飛んでいるもので、放
　　射線の一種である。宇宙から地球の大気に飛びこんでくる一次宇宙線は、90％が陽
　　子．残りがヘリウムやもっと重い原子核からなる粒子線である（「2-2 高度1万メー
　　トルの放射線量は地上の 100 倍もある？」参照）。

ブラッグピーク[8]といい、フィルターなどでブラッグピークをがん病巣の位置や形に合わせて調整して、ピークをなめらかにすることもできます[9]。

　炭素などの原子核を加速して使う重粒子線治療[10]は、がん細胞の致死作用が陽子線よりも大きいなど、すぐれた性質をもっています。そのため、従来の放射線治療では困難だった症例を対象にして、重粒子線治療の臨床試験が始まっています。

◎放射線源をがん病巣に直接埋め込む

　ここまでにご紹介した放射線治療は、体の外から放射線をあてるので外部照射といいます。一方、体の内側からがん病巣に放射線をあてる治療法もあり、内部照射といいます。

　右の図は放射性核種のヨウ素125[11]を入れたチタンのカ

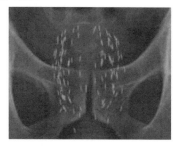

前立腺がんへの組織内照射
出典：Wikipedia

プセルを前立腺がんに埋めこんでおり、これを組織内照射法といいます。

　前立腺がんを外部照射すると、近くにある膀胱（ぼうこう）や直腸などの重要な臓器も被ばくしてしまいます。ところが、放射線源をがん病巣に直接挿入すれば集中的に放射線を照射することができ、線源から離れた正常組織の被ばく量を少なくできます。

＊8　陽子線はブラッグピークがあるので、がんだけに集中して放射線を照射し、その奥の正常組織への障害は抑えられるという、"切れ味"のよい治療をすることができる。
＊9　拡大ブラッグピークという。フィルターに通すと陽子線が散乱されることを利用している。
＊10　ヘリウムよりも原子番号の大きい元素の原子核を、重粒子という。
＊11　ヨウ素125は半減期が59日と短く、エネルギーの弱いガンマ線を放出する。

3　放射性物質でいろいろなものが追跡できる？

> 放射性物質はごく微量でも検出できるので、いろいろな物質に
> 目印をつけて動きを追跡できます。光合成のしくみや遺伝物質
> がＤＮＡであることも、その技術で明らかになりました。

◎放射線の検出はものすごく鋭敏

放射線検出器を使えば、とても微量の物質が検出できます。たとえば低バックグラウンド・ベータ線検出器[*1]だと、1分間に10カウント（cpm[*2]）の放射能も測定が可能です。

生物学の研究などで使われるリン32という放射性核種では、10 cpmは原子数で30万個になります。100ミリリットルの水に10 cpmのリンを溶かすと、その濃度は0.3 ppm[*3]の1兆分の1です。一方、市販の飲み物に含まれるリンの濃度は放射線を使わない分析法で、1 ppmくらいが検出できます。リン32と放射線検出器を使って分析するのと、放射性ではないリンの分析では、前者が1兆倍ほど濃度が小さくても検出が可能です。

安定なリンの中に微量のリン32を加えても、化学的には何の影響もありませんから、**リン32を使えばリンに目印（トレーサーという）をつけて動きを追跡することができます。**

◎二酸化炭素が光合成で何に変わるかがわかった

植物に光があたると、水と空気中の二酸化炭素（CO_2）から糖

---

*1　バックグラウンドの自然放射線に影響されずに、ごく微量のベータ線を検出することができる。

*2　放射線検出器が1分あたりで検出した放射線の数を、cpm（counts per minute）という。1秒あたり100個の放射線を検出した場合は100cpm。1秒あたりの検出数は cps（counts per second）という。

*3　ppm（parts per million）は百万分の1を意味する。1 ppm は 0.0001％にあたる。

が作られて酸素が発生します[*4]。**CO₂からどのような経路で糖が合成されるのかを、カルビン（米）らは放射性の炭素14（¹⁴C）をトレーサーにして解明しました。**

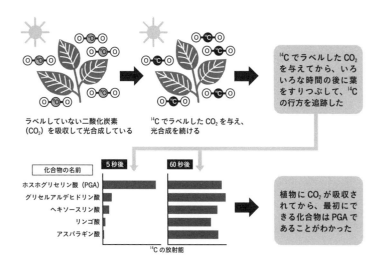

ラベルしていない二酸化炭素
（CO₂）を吸収して光合成している

¹⁴C でラベルした CO₂ を与え、
光合成を続ける

¹⁴C でラベルした CO₂ を与えてから、いろいろな時間の後に葉をすりつぶして、¹⁴C の行方を追跡した

化合物の名前	5秒後	60秒後
ホスホグリセリン酸（PGA）		
グリセルアルデヒドリン酸		
ヘキソースリン酸		
リンゴ酸		
アスパラギン酸		

¹⁴C の放射能

植物に CO₂ が吸収されてから、最初にできる化合物は PGA であることがわかった

　彼らはまず、ラベル[*5]していないCO_2を与えて、光合成をさせました[*6]。次に¹⁴CでラベルしたCO_2を与えて、いろいろな時間の後に¹⁴Cがどんな物質に入っているかを調べました。すると、反応時間が短いほど、¹⁴Cはホスホグリセリン酸（PGA）という物質に集まっている割合が高く、時間がたつと他の物質でも¹⁴Cが検出されていくことがわかりました。このように、**CO₂から糖を合成する際、PGAが最初にできることがわかりました。**

＊4　光合成といい、細胞の中にある葉緑体という器官の中で起こっている。
＊5　放射性核種をトレーサーとして使う場合には、化合物などの中の安定な核種を放射性核種に置き換えるが、これをラベル（または標識）するという。
＊6　カルビンらは、クロレラ（淡水に棲息している単細胞の緑藻類のグループの1つ）を実験で使った。

◎遺伝物質がＤＮＡだと証明した実験でも

遺伝[7]の情報が乗っている物質はタンパク質か、それとも
ＤＮＡかという論争が続いていたとき、放射性物質をトレーサー
に使った実験がこれに決着をつけました[8]。

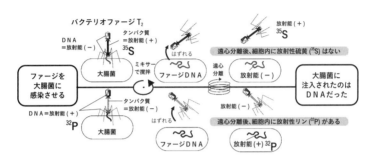

この実験では最初に、ファージのDNAは放射性リン（^{32}P）、
ファージの殻をつくるタンパク質は放射性硫黄（^{35}S）でラベルし
ます。次に、ラベルしたファージを大腸菌に感染させ、ミキサー
で撹拌した後に遠心分離すると、①ファージが感染した大腸菌、
②ファージのタンパク質の殻、の２つに分かれます。**両者を調べ
たところ、^{32}Pでラベルした場合は①のみ、^{35}Sでラベルした場合
は②のみでトレーサーの放射性物質が検出されました。**

また、大腸菌にファージを感染させ、直後にタンパク質の殻を
取り除いても、大腸菌の中でファージは増殖を続けました。その
ファージからは^{32}Pが見つかりましたが、^{35}Sは見つかりませんで
した。こうして、**ファージから大腸菌に注入されたのはDNAで
あり、遺伝物質はDNAだと証明されました。**

＊7　髪の毛や目、皮膚の色などの性質が親から子に伝わることを遺伝という。
＊8　その材料は、細菌に寄生するウイルス、バクテリオファージ（ファージ）だった。
　　ファージは細菌の表面に付着して細菌内に入りこんだ後、その中で増殖して、細菌
　　から出てくる。

◎放射性物質のトレーサー利用はどんどん広がっている

　放射性物質のトレーサー利用は生物学や化学などの基礎科学だけでなく、医学や農学、水産学、環境科学、工学などの応用科学の分野でも幅広く使われるようになっています[9]。

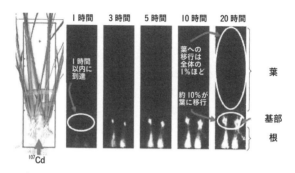

若い稲によるカドミウムの吸収・移行

出典：工藤久明編著『放射線利用』オーム社（2011 年）

　上の図はイネに放射性カドミウム（^{107}Cd）を吸収させ、どのように移行するか調べた結果です。カドミウムがあるところが白く光って、葉への移行はとても少ないことがわかります[10]。

　環境中の有害汚染物質がどのように移行するのかという研究は、食料の安全性を確保するうえで重要です。中でもカドミウムはイタイイタイ病の原因物質であり、米などの農産物でその汚染を防ぐ技術の開発がトレーサーを使って進められています。

　＊9　117 ページで紹介した、井戸水の動きを水素 3 で調べた研究も放射性物質のトレーサー利用の一例である。

　＊10　根から吸収されたカドミウムが、節で導管（土壌から吸収した水溶液が上昇する管）から師管（光合成でできた糖を含む水溶液が移動する通路）に乗り換えてからコメに到達することなどが、放射性カドミウムをトレーサーとした研究でわかってきている。

4 ゴーヤーが食べられるのは放射線のおかげ？

放射線は農業でもさまざまな分野で利用されています。その中から害虫の根絶、品種改良、食品の保存への利用について紹介しましょう。

◎ゴーヤーは沖縄から本土に出荷できなかった

独特の苦みが好まれるゴーヤー（苦瓜）は、豆腐や卵と炒めたりして食べられ、夏になると沖縄産のゴーヤーがお店に並びます。ところが1993年までは、沖縄で作られたゴーヤーは本土に出荷することができませんでした。**ゴーヤーにウリミバエ*1という小さなハエが寄生していて、植物防疫法という法律によって、流通が制限されていた**からです。本土にゴーヤーを出荷するには、沖縄でウリミバエを1匹残らず、完全に駆除する必要がありました。

害虫を駆除する方法には、殺虫剤の散布があります。しかし、大量の散布は環境を汚染しますし、虫が減るにしたがって効果は低下していくので、根絶することは困難です。そこでおこなわれたのが、**放射線で害虫を不妊にしてしまう**方法です。

◎不妊オスと交尾したメスが産んだ卵は孵化しない

その方法は不妊虫放飼法で、はじめに1週間に何億匹もの**害虫を増殖し、そこに放射線をあてて、オスを異常*2な精子を作る不妊オスに変えます。**次に不妊オスを野外に放すと、野生のメスが

---

*1 ウリミバエの幼虫（ウジ）は果実の内部を食い荒らし、食害された果実は未熟なうちに落ちてしまうことも多い。ウリミバエはもともと沖縄にいなかったが、1919年に石垣島に侵入しているのが見つかった。台湾からの侵入だと考えられ、その後、南西諸島を北上していき、1970年代には沖縄本島や奄美諸島にも広がった。ウリミバエはウリ類全体の他、ピーマンやトマトなどの果菜、パパイヤ、マンゴーなどの大部分の熱帯果実に寄生する。かつては沖縄からマンゴーも出荷できなかった。

飛んできて交尾しますが、精子が異常なのでメスが卵を産んでも死んでしまいます。**大量の不妊オスを放せば、野生メスのほとんどがこれと交尾して卵が孵化できなくなり、これを続ければ絶滅させることができる**というわけです。

沖縄本島の西の久米島（く め じ ま）で根絶実験が開始され、放射性核種のコバルト60からガンマ線を照射する施設が作られました。蛹（さなぎ）に70シーベルト（Sv）の放射線*3をあてると、成虫が元気に飛びまわるけれど、オスは不妊になりました。**久米島での不妊虫放飼により、1976年10月に被害を受けたウリが0（ゼロ）になり、翌年9月までに約15万個が検査されて1匹のウリミバエも発見されませんでした。**宮古諸島、奄美諸島、沖縄諸島などでもウリミ

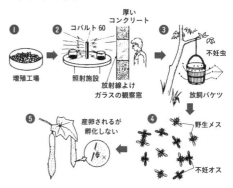

ウリミバエの不妊虫放飼法
出典：伊藤嘉昭・垣花廣幸『農薬なしで害虫とたたかう』
岩波書店（1998 年）の図を一部改変

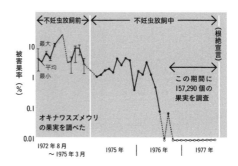

久米島でのウリミバエの被害調査
出典：伊藤嘉昭・垣花廣幸『農薬なしで害虫とたたかう』
岩波書店（1998 年）の図を一部改変

＊2　顕性（優性）致死突然変異という。
＊3　ヒトだと 100％が死亡する線量の約 10 倍にあたるが、ハエは不妊になるけれども死なない。

バエが根絶されていき、**1993年の八重山諸島での根絶を最後に、日本からウリミバエは一掃されました**[4]。

　不妊虫放飼法は、ウシやヒツジに寄生するラセンウジバエをアメリカ・フロリダ半島から根絶したのを契機に、世界に広がりました。日本では小笠原諸島からミカンコミバエを根絶しています。

◎放射線で植物の品種改良をおこなう

　品種改良は長いあいだ、自然に起こる突然変異を利用してきました。ところが百年近く前に**放射線がハエやオオムギ、トウモロコシに突然変異を起こすことが発見されると、放射線による植物の品種改良がおこなわれるようになりました。**これまでに、３千以上の品種がガンマ線やエックス線を使って改良されてきています。

　日本では茨城県常陸大宮市に半径100メートル（m）ほどの圃場[5]があり、中心にあるコバ

ガンマフィールドの全景（左）と照射装置（右）
出典：農業生物資源研究所 HP

放射線育種で作られたさまざまな色のキクの花
出典：放射線育種所 HP

＊４　不妊虫放飼法の実施例は世界に数多くあるが成功例は多くなく、久米島での根絶は世界で 14 年ぶりだった。沖縄・奄美での根絶には 21 年の歳月と約 170 億円の予算を要し、延べ 32 万人が参加して 530 億匹の不妊虫が放たれた。科学的な方法と綿密な実施計画、多くの人々の協力があったからこそ成功したのである。台湾などからの再侵入を防ぐために、不妊虫放飼は現在もおこなわれている。

＊５　ガンマフィールドという。

ルト60からガンマ線が照射されて品種改良がおこなわれています。これまでに、病気に強い日本ナシやオオムギ、倒れにくいイネ、さまざまな花の色のキクなどが作られています。

◎ジャガイモの発芽を防いで長期保存できるように

ジャガイモの芽にはソラニンやカコニンという天然毒素が含まれていて、食べると吐き気や下痢、腹痛、めまいなどの症状を起こします。芽のもとになる部分は、他の部分よりも放射線への感受性が高いので、収穫した後に放射線をあてると発芽を防ぐことができます*6。

北海道の士幌町農協にはジャガイモ専用のコバルト60照射施設があり、8〜10月に収穫したジャガイモを、九州産の新ジャガが出る3〜4月になるまでの端境期に、芽止めして出荷しています。2006年産からは、店頭でジャガイモを詰めて売る袋に「芽止めじゃが」などの表示をして販売しています*7。

芽止めのための照射は、収穫用コンテナに約5トンずつのジャガイモを入れて、線源から5mの距離でゆっくりと周回・反転しながらおこない、出荷するまでコンテナから出し入れしないで保存しています。

＊6　芽止め（萌芽抑制）といい、ジャガイモの場合は 60〜170 Sv のガンマ線をあてる。幼芽の細胞が死んでしまい芽が出なくなる。イモのほかの部分は生きている。
＊7　照射食品の安全性について多くの研究がされ、①動物実験では急性毒性、慢性毒性、発がん性、催奇形性などは見つかっていない、②食品照射に用いる放射線で、食品の中の物質が放射化されて放射能をもつようになることはない、という結果が得られた。

5 「放射線育種米」って食べて何ともないの?

おいしいお米として知られている「あきたこまち」を、放射線照射して品種改良したものが2025年の新米から食べられるようになります。その安全性について考えてみましょう。

「あきたこまち」は秋田県が開発したイネの品種で、東北地方をはじめ日本で広く栽培されています。これを放射線で品種改良(放射線育種)した「あきたこまちR」が2025年から、従来のあきたこまちから切り替えられて田んぼで作られるようになります。

◎コメとカドミウム

カドミウムという名前を聞いたことはありますか。**これは金属のひとつで、一定量を超えるカドミウムを長年にわたって取り続けると、腎臓や骨などに重大な障害が出てきます。「イタイイタイ病」は鉱山から流れ出したカドミウムが川から田んぼに入り、それで汚染したお米を食べ続けたため起こった公害病です**[*1]。

日本人が食べ物から体に取り入れるカドミウムの平均的な量は、許容摂取量[*2]の約40%とされていて、そのうち37%がコメ類由来です。ですから、コメに含まれるカドミウム濃度を低くすることは、日本人のカドミウム摂取量を減らすためとても大事です。

あきたこまちが作られている秋田県は「全国一の鉱山県」と言われ、鉱石を掘った記録のある鉱山が240以上あり、排水中のカド

[*1] イタイイタイ病は神通川(富山県)の流域で起こり、原因は神岡鉱山(岐阜県)から流れ出したカドミウムであった。この病気は、水俣病(熊本県)、四日市ぜんそく(三重県)、新潟水俣病(新潟県)とならんで、四大公害病として知られる。

[※2] 健康被害が起こらないように、食品に含まれるカドミウムの許容摂取量が決められている。食品安全委員会は、体重1キログラム・1週間当たり7マイクログラム(7μg/kg体重・週)としている。

ミウムの流れ込みによる水田の土壌汚染が各地に見られます。

　もし土壌にカドミウム汚染があっても、イネへの吸収を抑制する栽培法でコメのカドミウム濃度は下げられます[*3]。ところがその栽培法は水管理や収穫期の作業が煩雑（はんざつ）で、気象条件などによってカドミウム濃度が高いコメができてしまうこともあります。

　こうしたことをふまえて、**コメにカドミウムが吸収されないようにする品種改良で「あきたこまちR」は作られました。**

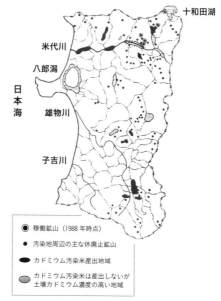

十和田湖

米代川

八郎潟

日本海

雄物川

子吉川

◎　稼働鉱山（1988年時点）

●　汚染地周辺の主な休廃止鉱山

　　カドミウム汚染米産出地域

　　カドミウム汚染米は産出しないが
　　土壌カドミウム濃度の高い地域

秋田県の鉱山とカドミウム汚染米産出地域

出典：能登屋享・佐々木律男「秋田県の重金属による水田土壌汚染の実態と対策」農業土木学会誌、第56巻、第6号、567-572頁 (1988)を一部改変

◎まずはコシヒカリを放射線で品種改良

　このような「低カドミウム米」づくりは、「コシヒカリ」を放

＊3　イネが育って穂が出る頃（出穂期）、田んぼに水を入れたり出したりするのをくり返す。ところが田んぼが乾くと、カドミウムが水に溶けやすくなってしまう。そこで、出穂期は田んぼに水を入れたままにして、土壌中のカドミウムを水に溶けにくくする。田んぼにアルカリ性の肥料をまいても、カドミウムを水に溶けにくくなる。カドミウムを水に溶けにくくすれば、コメのカドミウム濃度も低く抑えることができる。

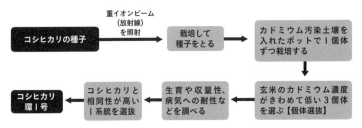

カドミウム低吸収性イネ「コシヒカリ環1号」はどのようにできたか

出典：農研機構「水稲新品種『あきたこまちR』の育成」を一部改変

射線で品種改良することから始まりました（上の図）。

　2008年の夏、コシヒカリの種子（籾）に放射線[4]を当てて、遺伝子変異を起こさせました。それを温室で発芽させ、2592個体[5]を高濃度のカドミウムを含む土に植えて育て、イネが実ってからは水を張ってカドミウムを吸収しやすくしました。そして、**玄米のカドミウム濃度がきわめて低い3個体が見つかり、生育や収量性・耐病性・食味などが調べられて、最終的に1個体が選抜されました。これが「コシヒカリ環1号」です[6]。**

◎「コシヒカリ環1号」と「あきたこまち」を交配

　こうしてできた「コシヒカリ環1号」を「あきたこまち」と交配させ、できた種子を育ててさらに「あきたこまち」と交配して…を7回くり返したのが「あきたこまちR」です（次ページの図）。このような交配を「戻し交配」といい、特定の性質をもった他の品種からそれを別の品種に取り入れながら、片親の品種の特性に限りなく近づけたい場合に、しばしば使われています。

＊4　12ページの「『放射線』のいろいろ」に書いてあるものとは違い、炭素イオンをサイクロトロンという装置で加速したもので、重イオンビームとか重粒子線という。

＊5　生物としての機能と構造をもつものが個体で、ここでは種子1個から育ったもの。

＊6　コシヒカリ環1号は、イネが育つのに必要なマンガンという金属を根で吸収するタンパク質を作る遺伝子が壊れていた。このタンパク質はカドミウムも間違えて吸収してしまうので、これが作れなくなるとカドミウムは根から吸収されなくなる。

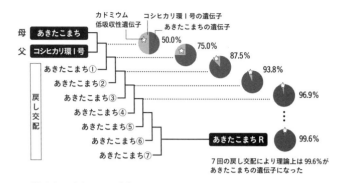

「あきたこまち R」の系譜

出典：農研機構「水稲新品種『あきたこまち R』の育成」を一部改変

　あきたこまちRの玄米のカドミウム濃度を調べたところ、あきたこまちと比べて著しく低く、玄米のカドミウム基準値（0.4 mg/kg）を大きく下回っていることが分かりました[*7]。

◎放射線育種でできたコメも従来手法でできたコメと同様に安全

　放射線育種で作られたコメの品種は、最初の段階で一度だけ放射線を照射して遺伝子変異を起こさせていますが、**食べるご飯に照射された放射線が残っているなんていうことはありません**[*8]。

　遺伝子変異は放射線だけでなく、紫外線や活性酸素、さまざまな物質でも起こり、むしろこちらが主役です。そもそも変異がなかったら、生物は進化していません。育種もそのような変異を活用したもので、放射線育種を特別視する必要はありません。

　したがって、**放射線育種で作った「あきたこまちR」も従来の手法で作ったコメと同様、安全だということができます**。

＊7　カドミウム低吸収性は遺伝的に潜性（劣性）なので、遺伝子2つともその性質を持たないと低吸収性を示さないため、自家採種した種子をまいてはいけない。毎年必ず、種子更新する必要がある。

＊8　あきたこまちRのコメの中には、カリウム40をはじめ天然の放射性物質は含まれているが、それは他のコメや私たちの体と同じである。「2-6 筋肉が多いほど放射能が強い？《カリウム40》」を参照。

6　宇宙探査機の電源は放射性物質なの？

太陽から遠く離れた宇宙空間では、探査機などのエネルギー源に放射性物質を用いた電池が使われています。月の夜などの酷寒の場所では、放射性物質が熱源としても使われています。

　木星や土星などの惑星や、その衛星などの宇宙探査にはエネルギー源が必要です。人工衛星、探査機、宇宙ステーション等の多くは太陽電池を使っていますが、太陽から遠く離れると利用できず、放射性物質がエネルギー源として使われています。

◎放射性物質から出る熱を利用する原子力電池

　放射性物質の崩壊で発生する熱エネルギーを、熱電半導体を使って電気に変えるのが原子力電池[*1]です。原子力電池の熱源にはプルトニウム238[*2]の酸化物がよく使われ、これを金属容器に

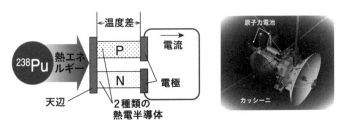

原子力電池の原理（左）と土星探査機カッシーニ（右）

＊1　電気をよく通す導体と通さない絶縁体の、中間的な伝導性をもつ物質を半導体といい、温度差を利用して電気を作るものを熱電半導体という。原子力電池は、原子力発電と違って制御の必要がない。

＊2　アルファ線を放出し、遮蔽（しゃへい）が容易であること、半減期が87.74年と長いことから、小型で長寿命の原子力電池を作ることができる。心臓のペースメーカーにも使われていた。

閉じこめると表面温度は500℃ほどになります。この高温での片方を温め、もう片方を外気の低温にさらすと両方のあいだに温度差が生まれ、熱電半導体はこの温度差を起電力にしています[*3]。

　1997年秋に打ち上げられて2004年夏に土星に到達した探査機カッシーニには、3台の原子力電池が搭載されました[*4]。2004年に火星に着陸したロボット探査機キュリオシティも原子力電池を動力にして、土や岩石を採取するなどの活動をしました。

◎放射性物質が出す熱を宇宙探査機の保温に使う

　月の1日は地球の1か月ほどに相当し、夜は350時間以上続きます[*5]。月の表面温度は夜に−160℃以下となり、探査機を保温する必要があります。ところが、電池を使ってヒーターで温めると、軽量のリチウムイオン電池を使っても、100ワットの熱を発生させるのに300キログラム以上が必要になってしまいます。

　そこで保温用熱源として使われるのが、放射性物質から出る崩壊熱です。その先がけは旧ソ連が1970年に打ち上げたルナ17号で、月に着陸した探査機ルノホートにはポロニウム210を用いた熱源が積まれ、10か月にわたって正常に機能しました。

　アメリカもプルトニウム238の酸化物を保温用熱源としてしばしば使っていて、火星表面の探査などに利用しています。

[*3]　半導体や金属に共通して見られる現象で、ゼーベック効果という。熱電半導体には冷たい端が正極になるp型と、冷たい側が負極になるn型がある。

[*4]　1964年の事故（原子力電池が焼失し、プルトニウム238が大気中に放出）以後、打ち上げに失敗しても焼失せず、地上で回収できる設計に改められた。

[*5]　月と地球の1日は、ある地点が太陽を向いた時刻から1回自転して、次に太陽を向くまでの時間をいう。月は29.5日、地球は1日である。

7 放射線を使えば物を壊さずに中が見える?

放射線が物を透過することを利用して、物を壊したりせずに中を調べることができます。放射線の種類や使い方を変えれば、今までは不可能だったものも見えるようになってきました。

◎放射線が物質を透過することを利用した非破壊検査

スイカをぽんぽんとたたいて、中身が詰まっているかどうかを調べたことがありますか。このように**物を切ったり壊したりすることなく内部の状態を検査することを、非破壊検査といいます**[*1]。樽の中にワインなどの液体がどこまで残っているか、拳でたたいて推定するのは昔からされてきましたし、病院で使われる聴診器はそこからヒントを得ています。このような人の五感に頼らずに、物理的な方法で内部の状態を調べることができるようになったのは、19世紀にエックス線が発見されてからです。

放射線は物質を透過することができ、透過するあいだにエネルギーを失っていく性質があります。非破壊検査はこのことを利用していて、製造業や農業などでの品質検査、土木・建築での構造物の傷やひびの検査など、さまざまな分野でおこなわれています。非破壊検査は私たちが安心して暮らすために不可欠で、検査する対象によってエックス線やガンマ線、中性子線などの放射線が使い分けられています。

＊1　エックス線撮影やCTなどの検査も非破壊検査だが、物を対象にしているような語感があまりよくないので、医療分野では非破壊検査という用語は使われていない。

◎構造物が安全に使えるかを調べる

非破壊検査の目的は、構造物に傷や欠陥があるかどうか、それがどんな状態なのかを検知して、安全に使えるかどうかを判断することです。 エックス線とガンマ線は金属を透過して内部の傷や欠陥を検出する能力がすぐれていて、鋼鉄製の板や管の溶接部の健全性の検査などに使われます。

図の左のように調べたい物（試験体）の下にフィルムを置き、上からエックス線を照射すると、傷や欠陥があると透過する量が変わり、現像した際にまわりと濃さが違ってきます。溶接したときに発生したガスが気泡として残ったり、溶接が不十分だったり、製錬[*2]で出た鉱石のかすが残っていたりすると、特徴的な像[*3]ができるのでわかります。右の写真は、試験体にエックス線発生装置を装着したところです。こうして撮ったフィルムの像から、構造物が壊れないで安全に使えるかどうかが判断されます。

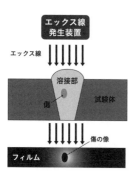

エックス線透過法の原理

放射線を使った船体構造材の非破壊検査
出典：http://technos-mihara.co.jp/work/kind/radiation/post_3.html

---

＊2　鉱石から金属を取り出すこと。
＊3　気泡が残っていると丸みがある黒い像、溶接する際に溶けこみが不足していると開先（溶接する材料につくる溝）が残った黒い線状の像、鉱物のかす（スラグ）の除去が不十分だと三角形の像など、傷や欠陥に対応した特徴的な像ができる。

◎手荷物検査で金属ではない危険物を見つける

　空港などでおこなわれる手荷物や貨物の検査は、カバンやスーツケースなどにあてたエックス線が透過した画像から、金属製の危険物（刃物、銃、爆薬など）を調べていました。ところが最近では、危険物が樹脂などになっているケースも多くなり、透過エックス線では検出できないことが増えています（図の左）。

　そこで使われるのが、後方散乱*4を利用した検査装置です（右）。**樹脂などの原子番号が小さい材料は後方散乱が多いという特性があり、樹脂でできた危険物も検出できるようになります（中）。**

透過エックス線画像

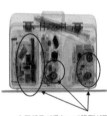

後方散乱エックス線画像

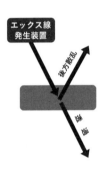

エックス線発生装置／後方散乱／透過

金属部品が重なって識別が困難なところ

手荷物のエックス線検査

出典（左、中）：松田　淳，J.Vac.Soc.Jpn., Vol.54, pp.13-20 (2011)

◎古い時代の文化財の中を見るのにも活躍

長い時間を経た文化財は脆い（もろ）ものが多く、内部の状態を調べるときも接触せずにする必要があります。 次ページの写真は、平安時代に仏教の経典を筒に入れて埋納（まいのう）されたもので、兵庫県で出土しました。錆（さび）が進んでいたけれど、振ると音が聞こえました。

＊4　エックス線（ガンマ線）を物質にあてると、透過する方向とは反対に、後方にはね返ってくるものがあり、これを後方散乱という。エックス線が原子にぶつかって、コンプトン効果によって進行方向が曲げられることで起こる（コンプトン効果は「3-13 内部被ばくは外部被ばくより危険なの？」をご覧ください）。

エックス線をあてると紙や布などの内容物は見えないのですが（右）、**中性子をあててみると、底に劣化した経巻[*5]とその上に曲がった塊状の経巻があることがはっきりわかりました[*6]（中）。**

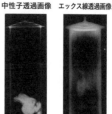

外観の写真　　中性子透過画像　　エックス線透過画像

一乗寺の経塚から出土した経筒

出典：松林政仁・増澤文武,
RADIOISOTOPES, Vol.55, pp.763-775 (2007)

◎火山の中も放射線を使ってのぞくことができる

地球に飛びこんでくる宇宙線が大気（窒素や酸素）にぶつかると、ミュー粒子という素粒子が大量に発生します。これも放射線の一種で、数キロメートルの岩盤も通り抜ける強い透過力があります。**火山のような巨大な物体を通ると、ミュー粒子でも通過する数が減っていくので、これを利用して病院のエックス線撮影のように火山の内部を調べることができます[*7]。**この方法は、福島第一原発の原子炉の内部を調べるのにも使われました。

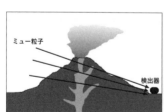
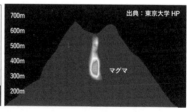

火山内部のミュー粒子による透過の原理（左）と薩摩硫黄島の透過像（右）

＊5　お経を書いた巻物。
＊6　エックス線は金属に多く吸収されるが、紙や布を作る水素・炭素・酸素などにはあまり吸収されない。ところが中性子だと金属にはあまり吸収されず、水素・炭素・酸素などによく吸収される。
＊7　ミュー粒子で火山の内部などを調べる方法を、ミュオグラフィという。ミュー粒子は性質が電子とよく似ているのに、重さが電子の200倍ほどある。

8 放射線でいろいろなものが測れるの？

放射線の性質を利用して、密閉されたタンクの液面の高さ、鋼板や紙の厚さ、土などの密度、コークスの水分量などが測定されています。これらを放射線応用計測といいます。

放射線が物質を透過したり散乱されたりすることを利用して、容器内のレベル（液面）の高さや物の厚さ、密度、含水量などを測ることができます。**これらを放射線応用計測といい、①測る物を破壊せず、②接触せず、③リアルタイムで、④温度などの影響をほとんど受けないで測定できる、などの利点があります。**

◎密閉されたタンクなどの液面を測定できる

密閉されたタンクや高温高圧の容器など、**内部を見ることができない容器に入った液体など**[*1]**の液面を、外部からガンマ線をあてて知ることができます。** 線源と検出器の配置によって、下の図のようにいろいろな方法があります。

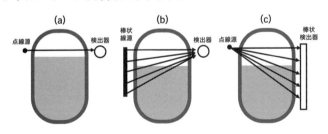

放射線式のレベル計（液面計）

---

*1　液体のほかに、粉粒体のレベルも測定できる。粉粒体は、小麦粉や砂、セメントなどの粉や粒の集まったものをいう。

　もっとも単純なのが（a）で、線源と検出器を一定の高さに置きます。**液面が 2 つの装置を結ぶ直線以上になると、液体がガンマ線をさえぎって検出量が急激に減るので、一定のレベルに達したことがわかります。**検出器からの電気信号を工程制御室に送ることにより、内容量を管理することができます[*2]。

　（b）は線源を上下に長くし、（c）は検出器を上下に長くしたものです。タンク内の液面が下がっていくと、ガンマ線が吸収される割合がしだいに減っていき、検出器に届くガンマ線量が増えていきます。このことから、タンク内の液面の変化を連続的に知ることができます。線源からの線量をできるだけ低くするために、（c）がよく使われるようになっています。

◎赤熱した鋼板や紙などの厚さを測る

　放射線が物質を透過する性質を利用して、物の厚さを測ることができます。これを厚さ計といい、透過力が強いガンマ線を使ったり、透過力が弱いベータ線を使ったりしています。

　ガンマ線はかなり厚い金属を貫通し、物質の厚さや密度が大きい

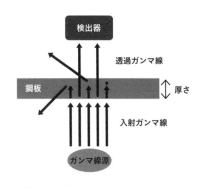

鋼板の厚さ計

　[*2]　このように、液面を測定してその情報を工程制御室に送り、そのデータをたとえば「缶にジュースを入れる」といった操作に反映させること（結果を原因の側に戻すこと）をフィードバックという。次のページに書いている、製紙工業で紙の坪量（つぼりょう）をベータ線厚さ計で測定し、そのデータに基づいて紙すき機が自動制御されるというのも、フィードバックである。放射線測定はデータが瞬時に得られるので、フィードバックに適している。

ほど透過するガンマ線が減ります。製鉄所では、圧延工程[*3]でいろいろな厚さの鋼板が作られていて、ガンマ線厚さ計でコンベアの上を移動している高温の鋼板の厚さを測っています[*4]。

一方、ベータ線は紙やプラスチックの薄膜など、薄い物体の厚さ計に使われています。製紙工業では、紙すき機で作られたばかりの紙で坪量[*5]がベータ線厚さ計で測定され、そのデータに基づいて紙すき機が自動制御されています。

ガンマ線厚さ計は、雪量計にも使われました。積雪の量を測定する必要がある場所の多くは山岳地帯であり、厳しい気象条件のもとで6か月ほど無人で連続測定するのに適していたからです。

◎土などの密度を測定する

ガンマ線が物質によって散乱される性質を利用して、土壌などの密度を測定する装置を密度計といい、土木や建築、地下資源探査などの分野で使われています。表面型は地表に近いところを測定し（左）、挿入型は地表から離れた深いところを測定します（右）。

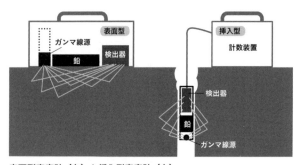

表面型密度計（左）と挿入型密度計（右）

＊3　転炉から融けた鉄鋼が鋳型に入れられ、冷えて固まると長い帯のようになり、これを切るとヨウカンのような形のスラブになる。スラブは過熱されて圧延機でのばされ、いろいろな厚さの鋼板になる。

＊4　厚い鋼板にはエネルギーの大きいセシウム137のガンマ線、薄くなった鋼板にはエネルギーの小さいアメリシウム241のガンマ線と、工程で使い分けされている。

＊5　単位面積あたりの質量（単位は1平方メートルあたりのグラム数）を坪量という。

両方のタイプとも、**測定する土壌などによって散乱されたガンマ線の強さを測定して、あらかじめ準備した標準試料の散乱量と比較して、密度を求めます。**

◎製鉄所でコークスに含まれる水分量を測る

中性子線は、原子核と衝突してしだいにエネルギーを失っていきますが、**水素の減速能力は他の原子に比べてはるかに大きいことが知られています。これを利用しているのが水分計です。**

製鉄所で高炉[*6]の状況を安定させるためには、コークスに含まれる水分量を迅速かつ正確に測定する必要があります。そ

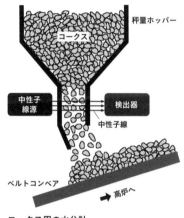

コークス用の水分計

のために、ホッパーから落下するコークスをはさんで線源[*7]と検出器が配置され、線源から出てコークスを透過した中性子を検出することによって、高精度で水分量が測定されています。

水分計は、高速道路やダムの盛り立て工事で、土の締め固め度を計測して管理するためにも使われています。

＊6　高炉には鉄鉱石とコークスが交互に入れられ、炉の下から熱風を吹きこんで高温のガスを発生させ、熱処理によって銑鉄（せんてつ）を作っている。なお、コークスは石炭を高温で乾かして、硫黄やアンモニアなどの揮発成分を飛ばしたものであり、単位質量あたりの発熱量が石炭より高い。

＊7　人工放射性核種のカリホルニウム252が使われている。カリホルニウムは水爆実験の際に、放射性降下物の中から1952年にカリフォルニア大学で発見された元素。

9 放射線でタイヤが強くて加工しやすくなる?

高分子化合物に放射線をあてると、接ぎ木のように別の化合物
が結合したり、橋かけができたりして性質が変わります。これ
を利用して、身のまわりのいろいろな物が作られています。

◎放射線を使って高分子化合物が加工できる

　プラスチックやゴム、ナイロンなどの合成繊維は、小さい分子
がたくさん並んでできていて、これらを高分子化合物といいます。
高分子化合物はしなやかで強く、いろいろな形が作られるといっ
た性質がありますが、**高分子化合物にいろいろな機能を加えて、**
さらに使いやすくするために放射線が使われます。 下の図は、放
射線を使った高分子加工技術です。1960年代にポリエチレン等に

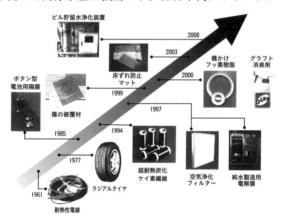

放射線による高分子加工技術

出典：工藤久明編著『放射線利用』オーム社（2011 年）

放射線を照射した耐熱電線が実用化したのを皮切りに、ラジアルタイヤを加工しやすくしたり、傷や火傷をおおう被覆材を作ったりと、さまざまな分野で放射線加工が応用されました。

放射線による高分子化合物の加工には、①グラフト重合、②橋かけ、③分解という3つがあります。

◎接ぎ木のように新しい機能をつけ加えるグラフト重合

グラフトは「接ぎ木」という意味です。**放射線グラフト重合は、プラスチックや繊維などの高分子材料に放射線を照射して、別の高分子化合物を接ぎ木のようにつけ加えます。**

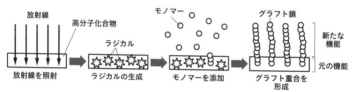

放射線によるグラフト重合の形成

高分子材料に放射線をあてると、化学結合が切断されてラジカル[*1]ができます。そこに別の高分子化合物の材料となるモノマー[*2]を加えると、幹の高分子から枝が生えるように重合[*3]が起こって、高分子の鎖がのびていきます。この方法だと、薬剤を染みこませたりコーティングしたりするのとは違って、接ぎ木が基材としっかり結合しているので温度や圧力などに対して安定です。

放射線グラフト重合によって、半導体を製造するクリーンルー

---

*1 ラジカルについては、「3-8 放射線障害はどのように起こるの？」をご覧ください。

*2 高分子化合物が作られる単位になる小さい分子を、モノマーという。ギリシャ語の1を表す接頭語のモノにちなんでいる。たとえばポリエチレンは、モノマーのエチレンが鎖状に長く連なってできている。

*3 モノマーが結合していく反応を重合といい、重合が進んでいくと高分子化合物ができる。

ムで空気中の微粒子を除去するフィルター、うがい薬の成分を布にグラフトした抗菌性材料、純水からきわめて微量の金属を除去して超純水を作るフィルター、布に正の電気を帯びる物質をグラフトした花粉症用マスク[4]などが作られています。

グラフト重合は反応開始剤[5]や紫外線などでもおこないますが、**放射線を使う方法には、①放射線は物質への透過性が高く、基材の内部にまでグラフト鎖を入れられる、②開始剤などが混入しない、③どんな形の基材も使える、という特徴があります。**

◎放射線をあてると高分子化合物に橋がかかる

放射線を高分子化合物にあててラジカルを作った後に別の化合物を加えると、高分子の鎖のあいだに橋がかかったような構造ができることもあります。**橋かけ（架橋）といい、3次元の網目構造ができるので高分子化合物の性質が大きく変わります。**

橋かけ反応で耐熱性が高まるため、電線やケーブルの被覆材、発泡プラスチック、ラジアルタイヤなどに広く使われています。ラジアルタイヤの加工で放射線を照射すると、ゴムに橋かけが起

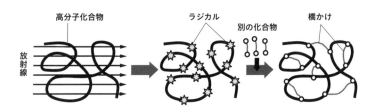

放射線による高分子化合物の橋かけ（架橋）

＊4　マスクの繊維に正（＋）の電気を帯びる物質をグラフトしておくと、負（－）の電気を帯びた粒子を静電吸着する。花粉症用マスクはこのことを利用している。

＊5　基材となる高分子化合物にラジカルを形成して、グラフト重合反応を開始させる物質のこと。

こって強度が増し、加工しやすくなって使用するゴムの量も減り、空気もれも防ぐなど品質も向上します。ポリビニルアルコール*6を水に溶かして放射線を照射すると、橋かけして吸水性のよいゲルができます。このゲルは透明で水分をよく保持するので、すり傷や火傷を湿った状態で治療する創傷被覆材として使われます。

◎放射線で高分子化合物が小さな断片に分解する

放射線で作られたラジカルによって高分子化合物の鎖が切れて、小さい断片に分解することもあります。この分解反応でも、高分子化合物の性質は大きく変わります。

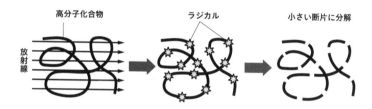

放射線による高分子化合物の分解

　フッ素樹脂加工されたフライパンなどに使われるテフロンは、加熱成形ができないので*7、加工の際にでる切りくずや使用後の製品は産業廃棄物として処分されていました。ところがテフロンは放射線をあてると簡単に分解し、細かい断片になってもすぐれた潤滑性などは残っています。このことを利用して、インク、塗料などの潤滑剤や、合成樹脂の摩耗を大幅に低下させる添加剤として使われるようになっています。

＊6　ポリビニルアルコールは「－CH$_2$CH(OH)－」が長く連なった合成樹脂で、温かい水に溶けるという合成樹脂の中ではめずらしい性質をもっている。

＊7　通常の高分子化合物は温度を上げると流動性をもつようになるので加熱成形できるが、テフロンはそうならないので加熱成形できない。そのためテフロン製品は金属のように焼き固めてから、削って加工している。

10 放射線で大気汚染物質が分解できる？

> 火力発電所から出る硫黄酸化物と窒素酸化物は、酸性雨の原因
> となります。発電所の排煙に放射線をあててアンモニアを加え
> ると、大気汚染物質を肥料に変えて利用することができます。

　火力発電所や工場から出る排煙や排ガスに放射線をあてると、
環境汚染物質を分解したり除去しやすい物質に変えたりすること
ができます。

◎火力発電所から出る大気汚染物質を肥料に変える

　火力発電所の排煙には、硫黄酸化物や窒素酸化物が含まれてい
ます。これらは大気中で日光によって硫酸と硝酸に変化し、雨や
霧に溶けて酸性雨として地上に降ってきます。日本では1970年代
から酸性雨の被害が見られるようになっており、硫黄酸化物や窒
素酸化物への対策が必要になっています。

　排煙に放射線[*1]**を照射すると、大気中の酸素や水からラジカル
や活性酸素**[*2]**ができ、これらが硫黄酸化物と窒素酸化物を酸化し
て、硫酸と硝酸ができます。**こうした化学反応は大気中でも起こっ
ていて、放射線照射によって反応が効率よく進むのです。これに
アンモニアガスを加えると、硫酸と硝酸はそれぞれ、硫安（硫酸
アンモニウム）と硝安（硝酸アンモニウム）に変わります（図）。

＊1　電子を加速した電子線を照射する。
＊2　ラジカル、活性酸素については「3-8　放射線障害はどのように起こるの？」をご
　　覧ください。

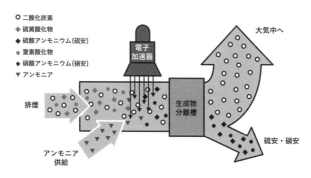

- ○ 二酸化炭素
- ◇ 硫黄酸化物
- ◆ 硫酸アンモニウム(硫安)
- ○ 窒素酸化物
- ● 硝酸アンモニウム(硝安)
- ▼ アンモニア

電子
加速器

生成物
分離槽

大気中へ

排煙

アンモニア
供給

硫安・硝安

火力発電所排煙からの硫黄・窒素酸化物の除去

　硫安と硝安は肥料として有用であり、粉末状のこれらを分離して回収すれば、大気汚染物質を分解するだけでなく、副産物を利用することができます。この技術は実用化されていて、中国やポーランドなどで排煙処理プラントが稼働しています。

◎ダイオキシンや有害揮発性化合物を分解できる

　ごみ焼却などで発生するダイオキシン類は毒性がきわめて強く、自然環境では非常に分解しにくいことが知られています。ところが焼却炉の排煙に放射線を照射すると、微量であっても効率よく分解してしまい、有害な分解生成物も発生しません。

　製造工場などの塗装や洗浄で生じる排ガスには、揮発性有機化合物（VOC）が含まれていて、発がんや神経障害を起こす危険性があります。VOCが含まれる排ガスに放射線をあてると、無毒あるいは低毒性の物質に分解することができます。

　これらは有害物質を捕集・除去するのではなく、分解・低毒性化するので、環境中にある量そのものが減らせます。

第5章
原発のしくみと
福島第一原発事故

1 　原子力発電はどうやって電気を作るの？

発電所ではいろいろなエネルギーを使って、発電機の磁石をぐるぐる回して電気を作っています。原子力発電所は核分裂のエネルギーで水を沸騰させ、水蒸気の勢いで発電機を回します。

　放射線や放射能と聞いて、日本に住む人々が最初に考えるのは原子力発電のことではないでしょうか。2011年に福島第一原発の事故で大量の放射性物質がもれ出してしまってから、私たちは放射線や放射能を意識せずに暮らしていくことはむずかしくなってしまいました。また、原子力発電をこれからどうするかということも、考えていく必要があります。

　この章ではまず、原子力発電がどのようなものかについてご説明します。そして、福島第一原発でどんな事故が起こったのか、それによってどんな被害が起こり、現在はどういった状況になっているのかなどについてもお話しします。

◎導線を巻いたコイルのあいだで磁石を回すと電気が流れる

　そもそも電気は、どうやって作るのでしょうか。自転車をこぐ力でライトが点ることを例にして、ご説明しましょう。

　自転車のタイヤの横にある発電機の中には、導線をぐるぐる巻いたコイルと、磁石が入っています。**タイヤの回転が発電機に伝えられると、図の左のように磁石のN極とS極がコイルに近づいたり離れたりします。このようにするだけで、コイルには電流が流れます**[*1]。自転車を速くこぐとライトが明るくなりますが、こ

＊１　電磁誘導という。

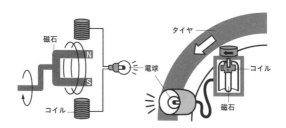

れは磁石が近づいたり離れたりするのが速くなって、コイルに流れる電流が強くなるからです。磁石を強いものに変えたり、コイルを巻く回数を増やしたりしても、電流は強くなります。

◎発電所ではいろいろなエネルギーで発電機を回す

自転車はタイヤの回転を伝えて発電機を回しますが、発電所ではいろいろなエネルギーを使って発電機を回します（下の図）。 水力発電は、高い所から水が落ちてくる力[*2]で水車（タービン）を回して、発電機の中の磁石をぐるぐる回しています。火力発電は石炭や石油などを燃やして水を沸騰させ、できた水蒸気の勢い

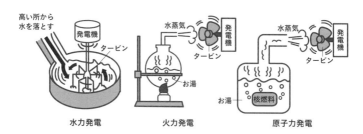

どのように電気を作っているのか

出典：舘野淳『原子力のことがわかる本』数研出版 (2003 年)

＊2　位置エネルギーという。

でタービンを回して、発電機の中の磁石を回転させています。

次に原子力発電ですが、**原子核が壊れるとき**[*3]に出る熱で水を沸騰させ、できた水蒸気の勢いでタービンを回して、発電機の中の磁石を回しています。火力発電とよく似ていますね。それもそのはずで、**原子力潜水艦で使われた原子炉を陸にあげて、火力発電と合体させて作ったのが原子力発電なのです。**

◎１グラムのウラン235から出るエネルギーは石炭３トン分

原子力発電と火力発電では、水を沸騰させて電気を作っているのは同じでも、燃料から出てくるエネルギーの大きさが違っています。原子力発電はウランが核分裂する際に出てくる核エネルギーを、火力発電は石炭や石油に含まれる炭素などが燃焼して出てくる化学エネルギーを利用していますが、**１回の反応で出てくるエネルギーは核分裂のほうが燃焼の何千万倍も大きいのです**[*4]。

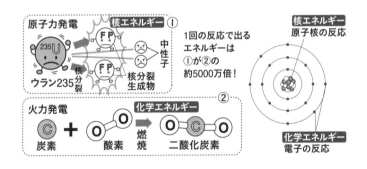

＊３　核分裂。詳しくは「1-4 『放射能』ってどんなもの？」をご覧ください。

＊４　原子核が分裂すると、核分裂生成物と中性子が生まれるが、これらを合わせた質量はもとの原子核の質量よりほんの少し減少している。減った分の質量がエネルギーに変わって、核分裂の際に放出されたのである。

　ウラン235を１グラム核分裂させると、そのときに出るエネルギーは石油だと2000リットル、石炭ならば３トンを燃やすのと同じくらいになります。１グラムは１円玉の重量、2000リットルはお風呂10杯分の容量、３トンは象１頭分の重量です。核分裂のエネルギーが、いかに大きいかがおわかりになると思います。

　なお、１グラムのウラン235の核分裂エネルギーは、火薬を20トン爆発させた際のエネルギーに相当します。これが原子爆弾で、核分裂エネルギーの利用は不幸なことに爆弾が最初でした。

◎核分裂しやすいウラン235を濃縮する

　核分裂の利用にウランがしばしば使われるのは、天然に存在している原子の中でウランの質量がもっとも大きく、核分裂しやすいからです。また、ウランの同位体でも核分裂のしやすさに違いがあり、ウラン235は核分裂しやすく、ウラン238は核分裂しにくいことが知られています。天然ウランにはウラン235が0.72％しか含まれていないので[*5]、効率よく核分裂を起こさせるためにはウラン235の含有量を高める必要があります。これを濃縮といい、原子力発電所では３％程度に濃縮して使われています[*6]。

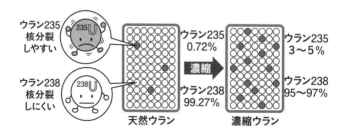

＊5　「2-9　20億年前に天然の原子炉が動いていた？《ウラン》」をご覧ください。
＊6　ウラン235の含有量が高くなったウランを濃縮ウラン、もとのウランを天然ウランという。天然ウランを濃縮した際には、ウラン235の含有量が低くなったウランもでき、これを劣化ウランまたは減損ウランという。

2 「原発」と「原爆」の違いって何？

原子力発電は、原子核が壊れるときに出るエネルギー（核エネルギー）を利用して電気を起こします。原子爆弾もまた、核エネルギーを利用しています。両者は、何が違うのでしょうか。

◎原子爆弾は核分裂の連鎖反応を一気に進める

まず原子爆弾（原爆）についてご説明します。ウラン235のような核分裂を起こしやすい原子に中性子をぶつけると、原子核が核分裂を起こしてエネルギーが放出されます。これと同時に2〜3個の中性子が飛び出して、別のウラン235の原子核にぶつかって、また核分裂が起きます。**これがくり返し起こってエネルギーを出し続けることを連鎖反応といいます。**

最初は1つのウラン235が核分裂したのが、次は2つ、その次は4つとネズミ算式に増えていって、50回目の連鎖反応だと1の後に0が15個もならぶ巨大な数（1000兆を超える）になります。

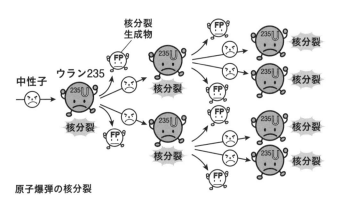

原子爆弾の核分裂

このようにして**核分裂の連鎖反応を一気に起こさせると、急激に
エネルギーが放出されて大爆発が起こります。**原爆はこの爆発力
を兵器として使っています。広島に投下された原爆では、約800
グラムのウランが一瞬のうちに核分裂を起こしました。

◎原子力発電はゆっくりと核分裂を起こさせる

　次は原子力発電（原発）ですが、**原子爆弾との違いの1つめは、
核分裂の連鎖反応をゆっくりと起こさせることです。**核反応が進
みすぎると爆発してしまいますから、それを防ぐために中性子の
数を調整しなければなりません。その役目をもっているのが制御
棒で、中性子を吸収しやすい物質[1]でできています。**原発では1
つのウラン235が核分裂したら、次の核分裂も1つ起きるように
中性子の数がコントロールされていて、これを臨界といいます。**
このようにすることで連鎖反応がゆっくりと進み、標準的な原発
では1年で約1000キログラム（1トン）のウラン235が核分裂を
起こすようになっています。

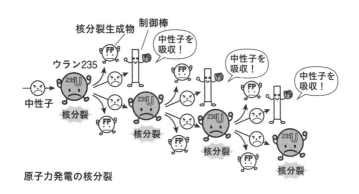

原子力発電の核分裂

* 1　ホウ素、カドミウム、ハフニウムなどの元素でできている。

◎原発は低濃縮ウラン、原爆は高濃縮ウランを使う

天然のウランには、核分裂しやすいウラン235が0.72％しか含まれていないので、効率よく核分裂を起こさせるにはウラン235の含有量を高める「濃縮」が必要です。

原発と原爆の違いの2つめは、濃縮の度合いが違うことです。原発でウラン235を3〜5％に濃縮（低濃縮ウラン）して使っていますが[*2]、**原爆は93％以上に濃縮（高濃縮ウラン）しています。**広島に投下された原爆は約65キログラムの高濃縮ウラン[*3]を2つに分け、それを火薬の爆発力で結合させて核分裂連鎖反応を起こして、1億分の1秒で1000万℃の高温を作り出しました。

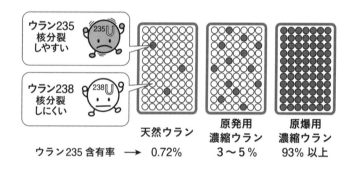

| ウラン235 含有率 ⟶ | 天然ウラン 0.72％ | 原発用 濃縮ウラン 3〜5％ | 原爆用 濃縮ウラン 93％以上 |

＊2　濃縮せずに天然ウランを燃料にしている原発もあり、日本初の商業用原発である東海原発（コールダーホール型）がそうだった。東海原発は廃炉になり、現在の日本にある商業用原発（軽水炉原発）はすべて低濃縮ウランを使っている。

＊3　約65キログラムのウラン235のうち、核分裂連鎖反応を起こしたのは約800グラムで、残りは爆発して飛び散った。

◎原発は中性子のスピードを減速材で遅くしている

ウラン235が核分裂して飛び出してくる中性子は、平均で秒速約2万キロメートル（km）という猛烈なスピードです。 これを速中性子といい、原爆はこれで一気に連鎖反応を起こします。ところが**原子力発電に使うには速すぎて、うまく原子核にあたりません。そのため、水や黒鉛などを使って秒速2kmくらいまで遅くし（熱中性子*4）、原子核にあたりやすくします。** これを減速材といい、普通の水（軽水）を減速材として使うものを軽水炉といいます。水が中性子を効率よく減速できるのは、水には中性子とほぼ同じ重さの水素の原子核が含まれているからです*5。

軽水炉では水は減速材であると同時に、核分裂エネルギーで熱くなった燃料を冷やす冷却材の役割ももちます。 燃料から奪った熱で水を沸騰させて、その水蒸気でタービンを回しています。

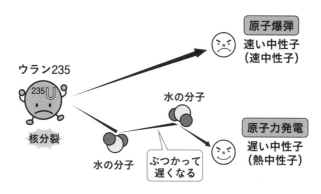

速い中性子（速中性子）と遅い中性子（熱中性子）

＊4　このくらいの速度になると、まわりの物質と熱的な平衡状態（熱的につり合っていて、熱のやりとりが起こらない状態）になるので、熱中性子という。

＊5　もし手元に10円玉が2個あったら向こうに1個を置いて、手前から残りの1個をその中心に向けて勢いよくぶつけてみてください。ぶつけた10円玉が止まって、止まっていた10円玉が動き出しますね。止まっていた10円玉が水分子の水素、ぶつけた10円玉が中性子です。このようにして中性子の減速が感覚的につかめます。

3 原発にはどんなタイプがあるの？

原発は核燃料、減速材、冷却材の違いによって、いろいろなタイプがあります。日本の商業用原発はすべて軽水炉で、水を沸騰させる方法によって沸騰水型と加圧水型に分けられます。

◎燃料・減速材・冷却材の違いでいろいろなタイプがある

原子力発電（原発）はウラン235などの核分裂を起こす物質にゆっくりと連鎖反応を起こさせ、発生する熱を利用して電気を作ります。その際に、中性子の速度を遅くして原子核にあたりやすくする減速材と、燃料の熱を奪う冷却材が使われています。

原発は、①核燃料にどんな物質を使うか、②減速材に何を使うか、③冷却材は何かでいろいろなタイプがあります[*1]。たとえば、**福島第一原発は、①低濃縮ウラン、②減速材は軽水（普通の水）、③冷却材も軽水を使う「軽水炉」です。**日本の商業用原発はすべて軽水炉で、さらに2つのタイプに分類できます。

◎ウランは焼き固めてペレットにしている

軽水炉はウラン235を3〜5％に濃縮した「低濃縮ウラン」を、酸化物にして使っています。まず**ウラン酸化物を粉末にして、円柱状に成形した後に約1800℃で3時間ほど焼き、セラミックス**[*2]**にします。これが燃料ペレットです。**

核分裂連鎖反応でペレットの中心部の温度は約2000℃になりますが、まわりを秒速約3メートル（m）で冷却材の水が流れて熱を奪うので表面の温度は300℃くらいです。

---

*1　①天然ウラン、濃縮ウラン、トリウムを燃料にした原発がある。②減速材は軽水のほかに、重水、黒鉛、ベリリウム（金属元素）、酸化ベリリウムを使った原発がある。③冷却材は軽水のほかに重水（以上は液体）、二酸化炭素、ヘリウム（以上は気体）、ナトリウム（液体金属）を使った原発がある。

◎燃料集合体と制御棒

ペレットは、薄い金属で作られた直径約1.2センチメートル、長さ約4.5mのチューブ（被覆管）に詰めこまれた後、両端を溶接して密閉します。これを燃料棒といいます。被覆管は、中性子

ウランの酸化物を直径8〜10mm、高さ10mmの円柱状に焼き固めたもの

燃料ペレット

をあまり吸収しないジルコニウムという金属の合金でできています。**燃料棒はさらに、「8本ずつ8列で64本」などに束ねて一体化され、これを燃料集合体と呼びます。** 燃料集合体のあいだには、中性子を適当に吸収して**核分裂を制御する制御棒が入っています。**

制御棒は燃料集合体のあいだを出し入れして核分裂を制御します。最初は制御棒を全部差しこみ、原発を運転するときにゆっくり抜いていくと核反応が始まり、中性子が増えていって、連鎖反応が継続するようになります。そして、臨界*3の状態が続くぎりぎりのところで制御棒を止めます。

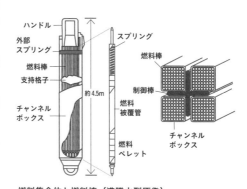

燃料集合体と燃料棒（沸騰水型原発）

出典：中島篤之助『Q&A 原発』新日本出版社（1989年）の図を一部改変

*2　金属の酸化物を高温で熱処理して焼き固めたものをいう。軽水炉をはじめ、原発では燃料にしばしばセラミックスが使われている。

*3　核分裂が1つ起きたら、次の核分裂も1つ起きるように中性子の数がコントロールされている状態。

◎原子炉で直接、水を沸騰させる沸騰水型原発

軽水炉には沸騰水型（BWR）と加圧水型（PWR）があります。

沸騰水型は原子炉で直接、冷却材の水を沸騰させて、水蒸気をタービンに送って電気を作ります[4]。タービンを回した後の水蒸気は、復水器という熱交換器[5]で冷やされて水に戻り、ポンプでふたたび原子炉に送り返されます。**復水器には大量の水が必要で、100万キロワット（標準的な大きさ）の原発では1秒間に70トンにも達するため、日本の原発はすべて海水を使っています。**

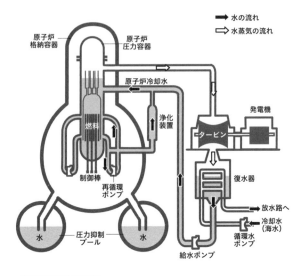

沸騰水型原発の構造

出典：中島篤之助『Q&A原発』新日本出版社（1989年）の図を一部改変

---

* 4　沸騰水型原発の原子炉では約73気圧の圧力がかかっているので、水は約285℃で沸騰している。
* 5　高温の物体と低温の物体（復水器の場合は両方とも水）のあいだで熱のやり取りをすることで、物体を加熱したり冷却したりする装置。ボイラー（蒸気発生装置）や自動車のラジエーターも熱交換器。

◎冷却材の水を一次と二次に分ける加圧水型

加圧水型は原子炉に158気圧という高い圧力をかけるので、300℃になっても水は沸騰しません。高温の水は蒸気発生器に送られて、細い管の中を流れて管の外を流れる別の水を沸騰させ、その水蒸気がタービンに送られます。原子炉を流れる水を一次系、蒸気発生器で熱を受け取って沸騰する水を二次系といいます。

　加圧水型は構造が複雑ですが、**冷却水を一次系と二次系に仕切っているので、タービンには放射能をもった水が原理上はこないという利点があります**[6]。水蒸気の温度が高いので、効率がよいことも利点です。

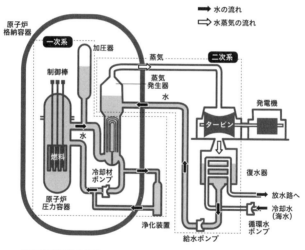

加圧水型原発の構造

出典：中島篤之助『Q&A 原発』新日本出版社（1989年）の図を一部改変

＊6　ただし、蒸気発生器の細い管（細管）に小さい穴（ピンホール）ができることが多く、その場合には一次系の放射能をもった水が二次系にもれ出してしまい、タービンに放射能をもった水がくる。

4 原発はなぜ「危ない」といわれるの?

原発は核分裂反応で大量の放射性物質が蓄積し、数万年たたないとあまり危険でないレベルに減りません。熱のコントロールも "綱わたり" のようにおこなっていて余裕がありません。

火力発電と原子力発電はいずれも水を沸騰させて、できた水蒸気の勢いで電気を作っています。発電のしかたはよく似ているのに、原子力発電は危ないといわれていて、火力発電はそうでもありません。なぜ、こんな違いがあるのでしょうか。

◎原発から水蒸気がもれれば、放射性物質ももれている

火力発電で配管から水蒸気がもれると、発電の効率は下がりますが、もれた水蒸気そのものに問題はありません。ところが原子力発電では、水蒸気もれは重大な事故になります。原子炉を通る水には放射性物質が含まれているので、水蒸気がもれるのは放射性物質がもれることを意味するからです。

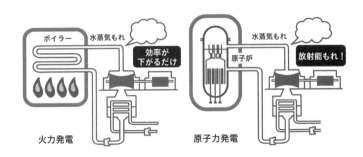

　原子力発電が危ないといわれる１つめの理由は、原子炉の中に大量の放射性物質があることです。

◎放射能があまり危険でなくなるのに数万年以上かかる

　原子炉の中では、核分裂によって放射性物質がどんどん蓄積していきます。**原発で使った燃料（使用済み燃料）の放射能の強さをウラン鉱石と比べると、２年運転した後には1000万倍ほどになっています**[*1]。

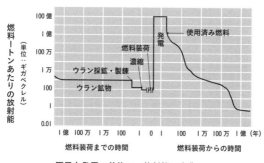

原子力発電の前後での放射能の変化

　核分裂でできた放射性物質は崩壊するので、時間とともに減っていきます。最初の頃に使用済み燃料の放射能が強いのは、セシウム137やストロンチウム90などが原因です。ところがこれらの半減期は30年程度なので、その放射能は数百年ほどでほとんどなくなります。ところが、超ウラン元素といわれるウランよりも原子番号が大きな元素[*2]は、数千年などの長い半減期をもつものが多く、これらの放射能はなかなか減っていきません。

　そのため、**使用済み燃料の放射能がウラン鉱石とほぼ同じレベ**

＊１　燃料１トンあたりの放射能は、ウラン鉱石が約1000ギガベクレル、ウラン燃料を原発で核分裂させた後には約100億ギガベクレルになる。

＊２　プルトニウム（原子番号94）やアメリシウム（同95）など。なお、ウランの原子番号は92。

ルに減って、あまり危険ではない状態になるためには、**数万年以上が必要です**[*3]。それほどの長い時間にわたって、安全に管理し続けることができるのかが問われているのです。

◎核分裂反応を止めても熱が出続ける

電気ポットでお湯を沸かすと、スイッチを切れば熱は発生しなくなりますね。火力発電も同じで、石油やガスの供給弁を閉めれば、すぐに熱の発生は止まります。ところが**原子力発電は核分裂反応を止めても、原子炉で大量の熱が出続けます**。燃料の中にたまった放射性物質が、崩壊熱を出すからです。原子力発電が危ない2つめの理由は、止めても熱を出し続けることです。

原子炉で核反応を停止しても、その直後には元の出力の7％ほどの熱が出ています。100万キロワット（kW）の原発だったら、約20万kW[*4]**というばく大な熱です。**崩壊熱は時間とともに減りますが、1日後でも2万kW以上です。たとえば電気ストーブは1kW程度ですから、2万台分の熱が出ていることになります。

＊3　原発が「トイレなきマンション」といわれてきたのは、使用済み燃料などの放射性廃棄物を処置する方法が確立されていないからである。

＊4　電気出力が100万kWの原発は、その3倍の300万kWの熱を出している（熱出力300万kW）。核反応を停止した直後には、300万kWの約7％の20万kWほどの熱が出ている。

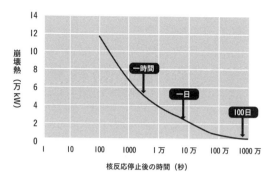

核反応停止後の原発の崩壊熱

出典：舘野淳『シビアアクシデントの脅威』東洋書店（2012 年）

◎冷却にちょっと失敗しただけでも重大事故に至ってしまう

　原子力発電が実用化された頃、発電原価は火力発電の２～３倍もしました。これでは競争に勝てないので出力を大きくし[*5]、出力密度も上げて[*6]、原価削減が急速に進められました。しかしそのために、**熱のコントロールがとてもむずかしくなりました。**

　これを示すのが、単位体積１リットル（L）あたり[*7]の熱の発生率（燃焼室熱発生率）です。火力発電のボイラーは、最大で1.5キロワット（kW）/L程度です。ところが原発は、沸騰水型が50 kW/L、加圧水型は100 kW/Lで、ボイラーの30～60倍です。**原発はこんな高密度で熱が発生しているので、冷却に少し失敗するなど対応をわずかに誤ってしまっただけで、あっという間に原子炉の燃料などが融けてしまう重大な事故に至ります。** このように余裕がないことも、原発が危ないという理由です。

　＊5　大型化といい、原子炉の出力を大きくすること。
　＊6　コンパクト化といい、燃料をせまいスペースに詰めこんで出力密度を上げること。
　　　大型化もコンパクト化も、安全性の確認が不十分なままにおこなわれた。
　＊7　ボイラーは、燃料を燃やす「火室」の体積。原発は、原子炉の中で燃料と冷却材がある部分で、核反応が起きてエネルギーが発生している「炉心」の体積。

5 3つの原子炉が同時に重大事故を起こした？
《福島第一原発》

大地震によって福島第一原発のすべての電源が失われ、原子炉の冷却ができなくなりました。最後の砦となる装置も機能しなくなり、日本初のシビアアクシデントに至ったのでした。

2011年3月11日14時46分に三陸沖で発生した東北地方太平洋沖地震が東京電力・福島第一原子力発電所をおそって、日本ではじめてのシビアアクシデント[*1]が起こりました。この事故は、どのように発生して進んでいったのでしょうか。

◎原発は核燃料の出す熱で蒸気を作って発電する

原発は、燃料のウランなどが核分裂して出る熱で水を沸騰させて蒸気を作り、タービンを回して発電機を動かし、電気を作っています。福島第一原発は沸騰水型で、制御棒と再循環ポンプで核分裂を制御して、発生する熱量を調整しています（図）。

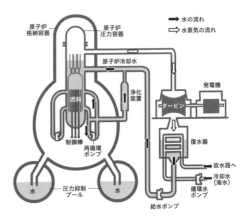

沸騰水型原発の構造

出典：中島篤之助『Q&A原発』新日本出版社（1989年）の図を一部改変

---

*1 原子炉を設計する際には、あらかじめ起こり得る事故（設計基準事故）を想定する。これを超える事故が起こると、想定された手段では炉心冷却や核反応の制御ができなくなる。そうなると運転員は、想定外の手段を自分で探して対応しなければならず、こうした事故をシビアアクシデント（苛酷事故）という。

◎核分裂反応は止まったが、原子炉では膨大な熱が出続けた

地震発生の直後、激しい揺れが原発に到達しました。そのとき、1〜3号機は運転中で、4号機は定期検査で止まっていました。

揺れを感知して1〜3号機の原子炉に制御棒が自動的に挿入され、核分裂反応が停止しました。しかし、原子炉には核分裂で作られた放射性物質[*2]がたまっていて、それが大量の崩壊熱[*3]を出し続けています。そのため、ポンプを回して水を循環させ続け、原子炉を冷やし続けなければなりません。

ポンプを回すには電力が必要ですが、自分の発電機はすでに止まっていますから、別の発電所から電力をもらわなければなりません（外部電源）。ところが、地震で送電鉄塔が倒壊し、受電施設も破壊されてしまいました。別の発電所から電力を受け取れなくなったので発電所内は停電し、ポンプは停止しました。

◎津波が原発をおそって全電源を喪失

外部電源が失われた1分後、非常用ディーゼル発電機が自動的に動き始めて停電から回復し、ポンプが動いてふたたび原子炉の冷却がおこなわれるようになりました。

ところが15時30分前後に、今度は二波の津波が福島第一原発をおそったのです。津波が到達しない高さに設置されていなかった非常用ディーゼル発電機は浸水して機能を失い、ついにすべての電源が失われてしまったのでした（全交流電源喪失）。

＊2　ウランなどの核分裂で生じた核種を、核分裂生成物という。
＊3　核分裂生成物が崩壊する際に発生する熱を崩壊熱という。核分裂生成物が崩壊する際に、分裂した破片と放射線は運動エネルギーを得て飛び出すが、まわりの物質にぶつかってすぐに停止する。その際に運動エネルギーが熱エネルギーに変わる。これが崩壊熱である。

◎炉心冷却が不能となり、シビアアクシデントに突入

すべての電源が失われても、炉心はなんとかして冷やし続けなければなりません。そのために、電源不要の冷却装置[*4]がいくつか設置されていて、それらが起動して原子炉の冷却が再開しました。ところが電源不要の冷却装置も、数時間から3日ほどで次々に止まっていきました。**冷却できなくなった原子炉は水位が低下し、大量の熱を出し続ける核燃料がついに露出し始めました。**

電源不要の冷却装置は、事故の際に自動的に作動する最後の砦でした[*5]。この装置が機能を失ったので、福島第一原発事故はシビアアクシデントの領域に突入しました。

出典：東京電力「福島第一原子力発電所1～3号機の事故の経過の概要」の図を一部改変

[*4] 非常用復水器（原子炉の蒸気を取り出してパイプに導き、熱交換機にためた水をくぐらせて温度を下げて、蒸気が凝縮した水をふたたび原子炉に戻す装置。自然循環によって原子炉の温度を下げることができる。1号機に設置されていた）、隔離時冷却系（原子炉の蒸気を使って専用の小型タービンを動かし、ポンプを駆動させて冷却水を循環させる装置。2、3号機に設置されていた）がある。

[*5] ここまでが事故を想定してあらかじめ作られていた装置である。

◎温度が急上昇して水素が発生、炉心が崩壊

原子炉の冷却ができなくなると、燃料棒[*6]**が水の上にむき出しになって温度が急上昇していきます。**上昇する速度は、1秒間に5〜10℃という急激なものです。燃料棒の温度が1200℃を超えると、燃料をおおう管（被覆管）のジルコニウムと水が化学反応を起こし、その際に大量の水素が発生します。この反応が起こり始めると、並行して大量の熱も発生する[*7]ので、温度はさらに上昇していきます。1800℃で被覆管が溶融し、2800℃になるとウラン燃料も融けてしまって、原子炉全体が破壊されます。

こうしたことを防ぐために、ただちに原子炉に水を注いで（注水）冷やし続けなければなりません。しかし、**福島第一原発事故では注水にも失敗してしまい、燃料棒をはじめ原子炉の構造物は次々と融けていきました。**原子炉圧力容器の底には穴が開いて、格納容器の底へもれ出していきました。

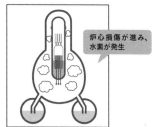

③ 原子炉水位低下

圧力容器

数時間で水位が
炉心まで低下

格納容器

炉心の放射性物質が出す崩壊熱により、圧力容器内の水が蒸気になり、水位が低下

④ 炉心損傷・水素発生

炉心損傷が進み、
水素が発生

水位低下により燃料が露出し、温度が上昇。被覆管と水の反応で水素が発生し、燃料自体も高温で損傷

出典：東京電力「福島第一原子力発電所1〜3号機の事故の経過の概要」の図を一部改変

＊6　ウランを酸化物にした後、焼き固めて直径約1センチメートル（cm）・長さ1cmほどの固いペレットにして、約200個を約4メートルの長さのジルコニウムという金属の合金のさや（被覆管）に入れる。これを燃料棒といい、燃料棒を6×6本〜9×9本ずつ四角に束ねたものを、燃料集合体という。

＊7　このような化学反応を、発熱反応という。反応によって熱が発生して温度が上がると、さらに反応が進みやすくなり、そうなるともっと熱が発生していく。

◎ベントと水素爆発、放射性物質が大量にもれ出す

　原子炉本体の圧力容器からは、放射能を含んだ蒸気や水素ガスが破損した配管などを通って格納容器にもれ出しました。格納容器内の圧力も上昇していったため、**耐圧限界を超えて大破損することを防ぐために、格納容器内のガスを人為的に放出する「ベント」がおこなわれました。**

　ベントは、大量の放射性物質を放出するため、周辺住民を被ばくさせてしまいます。そのためベントは、「禁じ手」というべきものなのですが、福島第一原発事故では緊急時なので「背に腹はかえられない」と判断されて、ベントがおこなわれました。

　ベントには、適切なタイミングが必要です。ところが、**事前に訓練がおこなわれていなかったため、適切なタイミングでベントを実施することができず、原子炉格納容器***[8]**の圧力が十分に下げ**

事故後の福島第一原子力発電所
（左から1、2、3、4号機）2011年3月16日撮影
出典：東京電力「福島第一原子力発電所1〜3号機の
事故の経過の概要」の図を一部改変

＊8　原子炉格納容器のただ1つの役割は、原子炉の中の放射性物質を外にもらさないことである。福島第一原発事故では格納容器が大破損して、その役割はまったく発揮できなかった。

られませんでした。そのため、2号機では格納容器の大破損が起こりました。1、3号機ではもれ出した水素ガスが原子炉建屋の上部にたまり、引火して水素爆発が起こって建屋が崩壊しました[*9]。

こうした破損や水素爆発、ベントのたびに大量の放射性物質がもれ出しました。放射性物質は風に流されて拡散し、雨や雪によって地上に降り注いでそこにとどまり、各地に深刻な汚染が広がっていきました。

世界で3番目のシビアアクシデントとなった福島第一原発事故は、チェルノブイリ原発事故に次ぐ深刻な被害をもたらしました。事故の発生から放射性物質がもれ出していくまでの経過を1〜3号機のそれぞれで見てみると、以下のようになります。

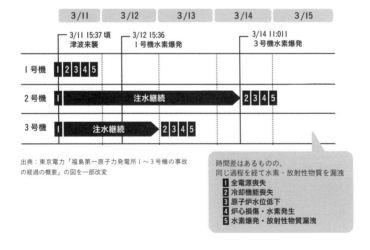

出典：東京電力「福島第一原子力発電所1〜3号機の事故の経過の概要」の図を一部改変

時間差はあるものの、同じ過程を経て水素・放射性物質を漏洩
1 全電源喪失
2 冷却機能喪失
3 原子炉水位低下
4 炉心損傷・水素発生
5 水素爆発・放射性物質漏洩

＊9　4号機は原子炉の燃料が取り出されていたが、3号機からもれ出した水素ガスが4号機の原子炉建屋にたまっていき、引火して水素爆発を起こした。

6 放射性物質の汚染はどうやって広がったの？

水素爆発やベントのたびに原発から放射性物質が放出され、2号機格納容器の損傷でもっとも多くがもれ出しました。風に乗って運ばれた放射性物質は、雨と雪で地上に降り注ぎました。

◎牛乳パック3本ほどの量で広大な地域が汚染

福島第一原発の事故によって大気中にもれ出した放射性物質は、福島県をはじめとする東北や関東などの広大な地域を汚染しました。右の図は航空機で汚染状況を測定したもので、原発の北西側などの福島県、北関東、茨城県北部、宮城県北部などの各地でセシウム137が地上に降り注いだことがわかります。これだけの範囲を汚染したセシウム137ですが、体積は1リットル（L）の牛乳パック3本ほどです*1。放射性物質は量がわずかでも、放射能がいかに大きいかがわかるでしょう。

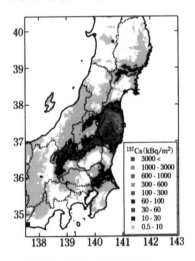

セシウム137による汚染の状況
（航空機モニタリングによる）

出典：中島映至ら『原発事故環境汚染』
東京大学出版会（2014年）

＊1　福島第一原発事故でセシウム137は大気中に6〜20ペタベクレル（ペタは1000兆）がもれ出たと推測されるが、ここでは20ペタベクレルで計算した。20ペタベクレルのセシウム137は約6.2キログラムになる。これを金属セシウム（固体）の密度（1立方センチメートルあたり1.873グラム）で割ると、3.3Lとなる。

◎水素爆発やベントなどのたびに放出された

福島第一原発の1〜3号機で水素爆発やベントなどの事象が起こるたびに、放射性物質は大気中に放出されました（図）。

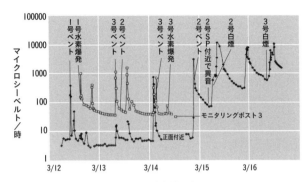

福島第一原発敷地内の空間放射線量率

出典：舘野淳, NERIC News, No.325, pp.7 (2011)

　3月12日には1号機でベントが何回かにわたっておこなわれて放射性物質を放出したことが、細かいピークが並んでいることからわかります。15時36分に1号機で水素爆発が起こったときにもピークが見られます。3月13日には3号機、2号機の順でベントを実施。3号機では14日早朝にもベントがおこなわれ、11時01分に水素爆発が起こりました（11時前後はデータが欠落）。

　3月15日6時頃に2号機の圧力抑制プール（SP）[*2] **付近で大きな異音が発生し**[*3]**、白煙が生じました。このときに大量の放射性物質がもれ出し、飯舘村周辺に深刻な汚染をもたらしました。**

* 2　原子炉冷却水の圧力が上昇すると、圧力抑制プールに導いて凝縮（気体から液体にする）させて圧力を下げる。240ページの図を参照。
* 3　このときに2号機の原子炉格納容器が破損したと考えられる。15日午前〜昼すぎに放出された放射性物質の大部分は、北西の浪江町から飯舘村の方向へ向かった。15日夕方〜16日未明に雪と雨が降り、放射性物質は地表に落ちて沈着した。

◎上空の放射性物質が雨で地表に降り注いだ

　下の図は福島第一原発から約200キロメートル離れた千葉市で測定された、事故後の大気中の放射線量の変化です。放射線量が、どの放射性物質によって変動しているのかも示されています。

　3月15日から16日に非常に高いレベルになっていますが、その原因はキセノン133という気体状の放射性物質[＊4]です。15日前後に2号機格納容器の破損やベントで放出された放射性物質が、風にのって関東に到達したことがわかります。

　3月21日には雨が降ったために、上空をただよう放射性物質が雨粒とともに地表に降り注ぎました。この日をはさんだ後は、放射線量がなかなか下がらなくなってしまいました。その原因は、原発事故による汚染の主役ともいうべき放射性セシウムと放射性ヨウ素が落ちてきて、土に沈着したからです。

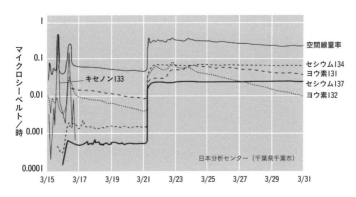

福島第一原発事故後の空間放射線量率の変化

出典：安齋育郎『福島原発事故』かもがわ出版（2011年）

＊4　キセノン133はベータ崩壊する際にガンマ線を出す。ガンマ線は遠くまで飛ぶので、キセノン133を含む放射能雲（プリューム）が通過すると、ガンマ線の量が増加する。キセノン133は貴ガスで周囲の物質と反応しないため、コンクリートの建物に入り、窓やドアを閉めて密閉性を高めれば、被ばく量を減らすことができる。

◎どこに運ばれるかは気象条件に左右される

原発事故の後に放射性物質がどの方角のどこまで運ばれ、どれだけ地表に降り注ぐかは、気象条件に大きく左右されます。**セシウム137が沈着したのは３月15日から16日[*5]、20日から23日[*6]の期間に集中し、この期間に雨と雪が降ったのが原因です（上の図）。**

放出された放射性物質のうち、２〜３割は陸上に、残りの７〜８割は海上に降り注ぎました（下の図）。これは気象条件との巡り合わせに関係し、**もし３月15日の気圧配置が21日と似ていたら、関東の汚染はずっと深刻だったと考えられます。一方、移動性高気圧が通過して南向きの風が続いたら、阿武隈山地や仙台平野の汚染が深刻だったと思われます。**

放射性物質の輸送と地表への沈着

出典：中島映至ら『原発事故環境汚染』
東京大学出版会（2014 年）

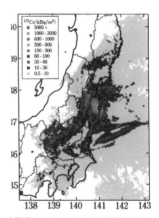

大気中へのセシウム 137 拡散の推計
(2011 年 3 月 11 日〜4 月 20 日)

出典：中島映至ら『原発事故環境汚染』
東京大学出版会（2014 年）

＊5　15 日午後に日本南岸を低気圧が通過した。早朝から午前中は北〜北東寄りの風が吹いて茨城・栃木県方面に放射性物質が運ばれたが、この時間帯に関東の平野部では降水がなく、貴ガスの通過によって放射線量は増加したが、放射性セシウムの沈着は少なかった。

＊6　21 日から 23 日にかけて北東風が吹いた。この期間に前線が南岸に停滞する「菜種梅雨」の状態になり、関東平野の各地で冷たい雨が降り注いだ。

7 福島とチェルノブイリの原発事故はどう違うの？

福島第一原発事故は、史上最悪のチェルノブイリ原発事故と同じく「レベル7」と評価されています。しかし、事故で大気中にもれ出した放射性物質の種類や量は、大きく違っています。

◎福島第一原発事故とチェルノブイリ原発事故

2011年3月11日に発生した東北地方太平洋沖地震を引き金に、福島第一原発はすべての電源が失われて原子炉の冷却ができなくなりました。その結果、大量の放射性物質がもれ出して、汚染が広がっていきました。

一方、旧ソ連・ウクライナ共和国のチェルノブイリ原発は1986年4月26日、さまざまな欠陥を抱えた原子炉で「実験」を無理やりおこなった結果、暴走事故が起こって大爆発が発生しました。爆発によって原子炉と建屋は破壊され、火災も発生して大量の放射性物質がもれ続けました。その汚染は地球規模へと広がりました[*1]。

◎2つの事故とも「レベル7」だったが

この2つの事故はいずれも、国際原子力事象評価尺度（INES）が最悪の「レベル7（深刻な事故）」と評価しています[*2]。そのため、福島第一原発事故はチェルノブイリ原発事故と、被害の大きさが同程度と考えてしまいそうです。ところが、右の図のように**放射**

[*1] 詳しくは「6-1 史上最悪の事故はなぜ起きてしまったの？《旧ソ連・チェルノブイリ》」をご覧ください。

[*2] 原子力および放射線関連の事故の重大性を評価した尺度で、国際原子力機関（IAEA）と経済協力開発機構原子力機関（OECD/NEA）が策定したものである。レベルが一段階上がるごとに深刻度が約10倍になるとされている。

性物質による汚染地域
の広がりが大きく異な
るなど、2つの事故の
規模はかなり違ってい
ます。

7	深刻な事故	◀チェルノブイリ原発事故 ◀福島第一原発事故
6	大事故	
5	所外へのリスクを 伴う事故	◀スリーマイル島原発事故
4	所外へのリスクを 伴わない事故	◀JCO臨界事故
3	重大な異常事象	◀旧動燃・東海事業所 火災爆発事故
2	異常事象	◀美浜原発2号機蒸気 発生器細管破断事故
1	逸脱	◀高速増殖炉もんじゅ ナトリウム漏れ火災事故
0	尺度以下	

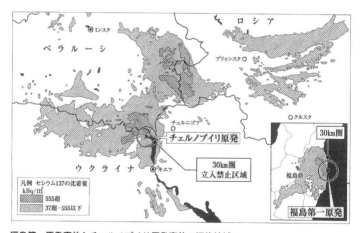

福島第一原発事故とチェルノブイリ原発事故の汚染地域

出典：中西友子『土壌汚染』NHK出版（2013年）

255

◎事故のなかみと放射性物質の放出はどう違ったか

チェルノブイリ原発事故では原子炉の出力が定格の100倍に急上昇し、水蒸気爆発が起こって原子炉とその建屋が破壊されました。さらに、もともと格納容器[*3]のない原子炉で、爆発によって圧力容器の上蓋が吹き飛んで青天井になってしまい、減速材の黒鉛で火災も起こって10日間燃え続けました。

福島第一原発事故では、原子炉建屋の上部は水素爆発で破壊されましたが、格納容器に激しい破損は起こりませんでした。

チェルノブイリ 原発事故	暴走事故 出力が定格の100倍になり、水蒸気爆発がおこって原子炉と原子炉建屋が激しく破壊	●大気中に放出された放射性物質の多くは、原発周辺の陸上に降下・沈着 ●不揮発性の物質（放出されにくい）も、爆発によって放出されてしまった
福島第一 原発事故	空焚き事故 原子炉建屋で水素爆発がおこったが、格納容器に激しい破壊はなかった（2号機は一部破損）	●大気中に放出された放射性物質の2～3割は陸上、7～8割は海上に降下 ●不揮発性の物質、揮発性があまり高くない物質は、放出量がとても少ない

原子炉にはさまざまな放射性物質がたまっていますが、揮発性か不揮発性かで事故の際にもれ出す量は大きく違ってきます。次のページ左の表で、上に行くほどもれ出しやすくなります[*4]。

チェルノブイリ原発事故では、キセノン133などの貴ガスは原子炉内のすべて、揮発性の放射性ヨウ素は50％以上、放射性セシウムも30％以上が大気中にもれ出したと評価されています。また、揮発性と不揮発性の中間にあたる放射性ストロンチウムは原子炉内の約5％、不揮発性のプルトニウムも約2％と、本来はもれ出しにくい放射性物質まで大気中に出ていってしまいました。

＊3　その唯一の役割は、事故が起こった際に原子炉圧力容器から出た放射性物質を閉じこめること。

＊4　沸点が低いほど揮発しやすく、高いほど揮発しにくい。「貴ガス」のキセノンは沸点が-107.1℃、「揮発性」のヨウ素は184.3℃、セシウムは678.4℃、「揮発性と不揮発性の中間」のストロンチウムは1384℃、バリウムは1913℃、「不揮発性」のプルトニウムは3232℃、ジルコニウムは4377℃である。

貴ガス	キセノン	チェルノブイリ原発事故	●キセノン133などの放射性貴ガスは原子炉内の全量が、放射性ヨウ素は50％以上、放射性セシウムは30％以上が放出 ●プルトニウムなどの不揮発性元素、揮発性と不揮発性の中間のストロンチウムなどが、原子炉内の2～5％も放出された
揮発性	ヨウ素 セシウム		
中間	ストロンチウム バリウム ルテニウム	福島第一原発事故	●放射性ヨウ素の放出量はチェルノブイリ原発事故の放出量のおよそ10％、放射性セシウムはおよそ20％であった ●プルトニウムやストロンチウムなど、不揮発性、揮発性～不揮発性の中間の元素の放出量は、はるかに少なかった
不揮発性	プルトニウム ジルコニウム セリウム		

　一方、福島第一原発事故の放出量は、放射性ヨウ素はチェルノブイリ事故の約10％、放射性セシウムは約20％とされています。

◎放射性物質の広がり方や被ばくへの対応の違いも

　チェルノブイリ原発は内陸にあり、放射性物質の多くは陸上に降り注ぎました。一方、福島第一原発事故では2～3割が陸上に、7～8割は海上に降り注ぎました。海上に降り注ぐのは海洋汚染を意味しますが、住民の被ばく量は格段に小さくなります。

　さらに、チェルノブイリ原発事故は発生して5日間も旧ソ連国内では隠され、ヨウ素剤を飲むなどの被ばく対策に重大な遅れがでました。事故5日後に原発から130キロメートルの大都市キエフでは、雨の中のメーデーに多くの市民が参加しました[*5]。また、放射性ヨウ素で汚染した牛乳などの摂取禁止も遅れました。

　福島第一原発事故では、政府が一部の情報を知らせなかったなどの問題はありましたが[*6]、国民は事故の経過をずっと注視でき、食品の放射能監視体制も早い段階から整備されていました。

　＊5　キエフは旧ソ連ウクライナ共和国の首都。少なくとも5月1日まで、キエフ市民はチェルノブイリで深刻な事故が起こっていることを知らされていなかった。一方、日本では4月30日の時点で、外務省がキエフやミンスク（ベラルーシ共和国の首都）方面への渡航を自粛するよう注意喚起をおこなっていた。

　＊6　住民のパニックを避けるという理由で、SPEEDI（緊急時迅速放射能影響予測ネットワークシステム）の情報が、事故当初には発表されなかった。

8 食べ物の中の放射性物質はどうだったの？

> 放射性物質の農産物への吸収を防ぐ対策と、徹底した食品検査によって、内部被ばくはきわめて低いレベルに抑えることができています。流通している食品はまったく心配ありません。

◎食品の放射性物質の基準値について

福島第一原発事故でもれ出した放射性物質が、食べ物に取りこまれることに多くの人々が不安をもちました。食品中の放射性物質の規制値と検査体制、汚染の状況はどうだったのでしょうか。

食品中の放射性物質の暫定規制値が採用されたのは、事故6日後の2011年3月17日でした。暫定規制値は、最悪でも1年に5ミリシーベルト（mSv）を超えないよう設定され[1]、これを超える放射性物質を含む食品はロット単位（同一の出荷単位）で回収・廃棄、地域的な広がりが確認された場合は地域・品目を指定して回収・廃棄されました。さらに、著しい高濃度の数値が検出された場合は、地域・品目を設定して摂取制限措置がとられました。

2012年4月1日には暫定規制値にかわる基準値が採用され、現在に至っています。それまでの年間許容線量は5mSvでしたが、基準値では年間1mSvに引き下げられました。また、暫定規制値は放射性セシウムと放射性ヨウ素について定められていましたが、半減期の短い放射性ヨウ素はすでに消滅していたことから、半減期の長いセシウム134と137など5種類の放射性物質を考慮することになりました。

---

*1　暫定規制値は、放射性セシウムについては飲料水、牛乳・乳製品、野菜類が200ベクレル（Bq）/kg、穀類、肉・卵・魚・その他が500 Bq/kg、放射性ヨウ素については飲料水と牛乳・乳製品が300 Bq/kg、野菜類と魚介類が2000 Bq/kgであった。

◎規制値はどのように決められたのか

規制値の決め方は、まず食品から受ける年間線量の上限を 1 mSvとし、食品に0.9 mSvと水に0.1 mSvに割り当てます。次に年齢や性別で10区分に分けて限度値を算出して、その中でもっとも厳しい値を選び[*2]、さらにそれを下回る数値として一般食品の 1 キログラムあたり100ベクレル（Bq/kg）を設定しています。ここでは、摂取する食品は輸入食品と国産食品がそれぞれ50％で、そのうちの**国産食品は100％が汚染していると仮定するなど、現実的にはあり得ない非常に厳しい仮定をしています。**

食品から受ける1人当たりの年間線量の上限値
1ミリシーベルト（mSv）

食品 0.9 mSv[※]を割り当て

※セシウム以外の放射性物質を考慮
ストロンチウム 90、プルトニウム、ルテニウム 106。19 歳以上で、多めに見積もって食品からの線量の約 12％

一般食品に割り当てる線量を決める

年齢区分	限度値 (Bq/kg)	
	男	女
1 歳未満	460	
1 歳〜6 歳	310	320
7 歳〜12 歳	190	210
13 歳〜18 歳	120	150
19 歳以上	150	130
妊婦	160	160
最小値	120	

もっとも厳しい値を下回る数値に（小さい）設定

水 0.1 mSv[※]を割り当て

飲料水の基準値（10 ベクレル[Bq]/kg）の水を 1 年飲んだ場合に相当する線量

食品群	基準値
飲料水	10
牛　乳	50[☆1]
乳児用食品	50[☆2]
一般食品	100

単位：ベクレル（Bq）/kg

☆1 小児期は成人より感受性が高い可能性があることを考慮した
☆2 子どもの摂取量が特に多いことを考慮した

食品中の放射性物質に関する基準値の決め方

出典：厚生労働省医薬・生活衛生局『食品中の放射性物質の対策と現状について』に基づいて作成

＊2　年齢・性別で一般食品の摂取量は異なり、同じ種類の放射性物質を同じ量摂取しても、体格や代謝が違っているので被ばく量は異なる。これらをふまえて 10 の年齢・性別区分のそれぞれで、線量（mSv）＝放射性物質の濃度（Bq/kg）×摂取量（kg）×換算係数（実効線量係数：食品から 1Bq の放射性物質を摂取した際に、何 mSv を被ばくするか計算するための係数で、単位は mSv/Bq）の式で限度値を算出した。13 〜 18 歳の男性では限度値が 120 Bq/kg となる。

◎コメ、果物などの放射性物質を減らす

主食のコメには、とりわけ強い関心が寄せられました。右の図は、籾殻（もみがら）を取り除いた玄米（げんまい）を精米し、水で研（と）いだ後にご飯を炊くと、放射能の濃度がどう変化するかを示したものです。

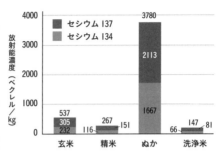

コメの中の放射性セシウムの分布

出典：中西友子『土壌汚染』NHK出版（2013年）

玄米の放射性セシウム濃度は、精米すると約半分に、研いで洗うとさらに半分になります。炊きあげてご飯にすると、コメが水を吸って膨張して重量も増えるので、さらに放射能濃度は下がります。**玄米と比較すると、口に入るときの濃度はおよそ10分の1以下です。**

水田の汚染がわかってから、イネのセシウム吸収を抑える対策もおこなわれました。ゼオライト*3やプルシアンブルー*4を土壌に加えたり、セシウムと化学的な動きがよく似たカリウムを散布したりといったことが代表的です。右の図のようにカリウムの量が十分だと、

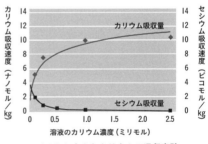

コメのセシウムとカリウムの吸収実験

出典：中西友子『土壌汚染』NHK出版（2013年）

＊3　粘土鉱物の一種で、とても小さな穴がたくさん開いているので、他の物質を吸着しやすいなどの性質をもっている。そういった性質から、吸着剤、乾燥剤、排水処理、肥料などに広く使われている。

＊4　青い顔料で、葛飾北斎やゴッホが使ったことでも知られている。プルシアンブルーには、セシウムを選択的に吸着する性質がある。

放射性セシウムの吸収量が少なくなります。

　右の図はモモの木を細かく切り分けて放射性セシウムの濃度を調べた結果で、ほとんどが枝や幹にありました。**果樹の**

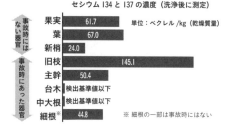

セシウム 134 と 137 の濃度（洗浄後に測定）

単位：ベクレル /kg（乾燥質量）

事故時にはない器官	果実	61.7
	葉	67.0
	新梢	24.0
事故時にあった器官	旧枝	145.1
	主幹	50.4
	台木	検出基準値以下
	中大根	検出基準値以下
	細根※	44.8

※ 細根の一部は事故時にはない

モモの樹体の放射性セシウムの分配

出典：高田大輔『果樹栽培と放射能汚染』の図を一部改変

汚染は、降ってきた放射性物質の約半分が、幹から木の中に入っていくことも明らかになりました。そのため樹皮の高圧洗浄によって、モモなどの実に含まれる放射性物質の量を減らすことができます。

◎**食品の放射性物質をきびしく検査する**

　福島県産のコメは放射線検出器を使って、30キログラム単位で詰められた袋すべてを検査しています*5。**抜き取りではなく全袋の検査ですから、消費者は非常に安心できる対応です。**

　2012年度は約1034万袋が検査され、71袋が基準値を超えたので出荷制限措置がとられました。基準値を超える袋はだんだん減っていき、2015年度以降はすべてが基準値以下です（次ページ上）。

　福島県ではコメ以外の農産物なども検査がおこなわれ、超過したのは天然のキノコなどのごく一部の品目だけになっています（同中）。**基準値を超えた品目は産地ごとに出荷制限や自粛がおこなわれるため、流通することはありません。**

＊5　全量全袋（ぜんぶくろ）検査という。最初に、200 台以上の検出器で、基準値を確実に下回る玄米とそうでない玄米をふるい分ける「スクリーニング検査」をおこなう。これには、JA（農業協同組合）や集荷業者などの協力を受けて、何千人もの検査員と作業員が参加している。この検査でスクリーニングレベルを超えた玄米は、福島県環境保全課のゲルマニウム検出器で、基準値を超えるか否かを判断する「詳細検査」をおこなう。

福島県での米の全量全袋検査の結果

年度	25Bq/kg 未満	26-50Bq/kg	51-75Bq/kg	76-100Bq/kg	100Bq/kg 以上	合 計
2012 年度	10,323,674	20,357	1,678	389	71	10,346,169
	99.78258%	0.19676%	0.01622%	0.00376%	0.00069%	100.00%
2013 年度	10,999,224	6,484	493	323	28	11,006,552
	99.93342%	0.05891%	0.00448%	0.00293%	0.00025%	100.00%
2014 年度	11,013,045	1,910	12	2	2	11,014,971
	99.98251%	0.01734%	0.00011%	0.00002%	0.00002%	100.00%
2015 年度	10,498,055	647	17	1	0	10,498,720
	99.99367%	0.00616%	0.00016%	0.00001%	0.00000%	100.00%
2016 年度	10,265,590	417	5	0	0	10,266,012
	99.99589%	0.00406%	0.00005%	0.00000%	0.00000%	100.00%
2017 年度	9,976,553	67	0	0	0	9,976,620
	99.99933%	0.00067%	0.00000%	0.00000%	0.00000%	100.00%
2018 年度	9,248,871	31	0	0	0	9,248,902
	99.99966%	0.00034%	0.00000%	0.00000%	0.00000%	100.00%

出典：福島県 HP

福島県での農産物の放射性物質検査の結果

年度 食品群	2015 年度 検査件数	2015 年度 基準値超過	2016 年度 検査件数	2016 年度 基準値超過	2017 年度 検査件数	2017 年度 基準値超過	2018 年度 検査件数	2018 年度 基準値超過
穀類（除玄米）	2,724	2 ※1	705	0	433	0	236	0
野菜・果実	4,585	0	3,793	0	2,855	1 ※2	2,455	0
原 乳	413	0	415	0	398	0	350	0
肉 類	3,969	0	3,791	0	3,578	0	3,856	0
鶏 卵	144	0	143	0	111	0	96	0
牧草・飼料作物	1,148	0	922	0	680	0	767	0
水産物	9,215	7	9,505	4	9,288	8	7,134	5
山菜・きのこ	1,562	7	1,832	2	2,111	1	1,733	1
その他	86	0	74	0	86	0	77	0
合 計	23,846	16	21,180	6	19,540	10	16,704	6

出典：福島県 HP

※ 1 2014 年産の大豆を 2015 年 6 月に検査したもの。当時、出荷制限が指示されていた地域で、県の定める出荷管理計画に基づいて全袋検査をおこなった。焼却処分している。

※ 2 特定ほ場のクリ（2012 年 10 月以降に販売を中止しており、十分な栽培管理をしていないが、継続して検査しているもの）であり、出荷されることはない。

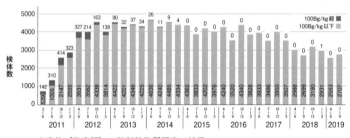

水産物（海産種）の放射性物質調査の結果

出典：水産庁 HP

食品中の放射性物質の検査結果は以下のサイトで見ることができます。

①福島県「農産物等の放射性物質モニタリング Q＆A」
https://www.pref.fukushima.lg.jp/site/portal/nousan-qa.html

②厚生労働省「東日本大震災関連情報―食品中の放射性物質」
https://www.mhlw.go.jp/shinsai_jouhou/shokuhin.html

③水産庁「水産物の放射性物質調査の結果について」
http://www.jfa.maff.go.jp/j/housyanou/kekka.html

　水産物は福島県と近隣県の主な港で、週に 1 回程度のサンプリング検査がおこなわれています。海産では表層魚や底層魚、イカ、タコなどで当初、高い値が見られましたが、2015年以降は基準値超過がほとんどなくなっています[*6]（前ページ下）。

◎陰膳法による内部被ばく調査の結果

　このような食の安全のための活動によって、内部被ばくは年 1 mSvよりはるかに低いレベルにおさまりました。

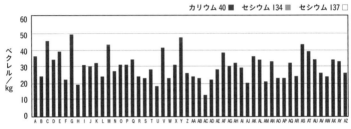

陰膳方式による食品中の放射性物質測定結果
出典：コープふくしま「2018 年 3 月 8 日」発表の一部を示す

　図は2018年 3 月に発表された陰膳調査[*7]の結果で、体内にもともと存在している天然放射性物質のカリウム40が検出されるだけで、放射性セシウムは 1 人も検出されませんでした。
　このように、福島県での内部被ばくのリスクは無視してもよいレベルであって、流通している食品の心配もまったく必要ないということができます。

　＊6　淡水産の魚は、海産の魚と腎臓のはたらきが違い、放射性セシウムを排出しにくいため、海産の魚に比べて検出基準を超える比率が少し高いが、3 か月ごとの集計でも 0 となる場合が多くなっている。なお、基準値を超えた魚が流通することはない。
　＊7　調査対象の家族に、自分たちが食べる食事と同じものを 1 食分余分に作ってもらい、その食事を 1 〜 3 日分ほどまとめて放射性物質の分析をおこなって、当該家族 1 人が平均して 1 日にどのくらいの放射性物質を摂取しているかを調べる。

9　除染すると被ばく量を減らせるの？

> 除染は放射性物質を取り除いて遠ざけることで、放射線量が目に見えて下がります。福島県で人が住んでいる地域は、世界各地の自然放射線量と同じレベルになっています。

　福島第一原発事故でもれ出した放射性物質によって高くなった放射線量は、放射性核種の崩壊やウェザリング[*1]に加え、除染でも低下していきます。除染とはどのようなもので、どんな効果があるのか、福島県内の除染の状況はどうなのかについてご説明しましょう。

　◎除染は放射性物質を取り除いて遠ざけること
　除染は、放射性物質が付着した土を削り取ったり、木の葉や落ち葉を取り除いたりして遠くにもっていったり、建物の表面を洗浄したりすることです。除染で放射性物質がなくなるわけではありませんが、生活空間から遠ざけることで、放射線量を下げることができます。部屋のゴミを掃除機で吸っても、ゴミはなくなるわけではありませんから、除染も同じことだといえるでしょう。
　放射性物質が付着した学校のグラウンドなどの土を削って、穴を掘って深く埋めることも除染になります。放射性物質を土やコンクリートでさえぎれば、飛んでくる放射線を減らすことができるからです。
　右の図は、除染による効果を示しています。放射性物質が崩壊することで、除染する前は上の曲線で放射能は減っていきます。

---

*1　風雨などにさらされることによる風化。

除染で放射性物質を取り除けば、それ以後は下の曲線で放射能が減っていきます。除染によって、2つの曲線ではさまれた部分の被ばく量を減らすことができるわけです。

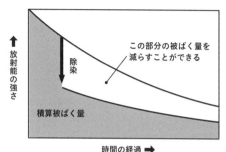

除染すれば被ばく量が少なくなる

◎除染によって外部被ばく線量は明らかに低下した

　除染による効果を実際に見てみましょう。福島県本宮市では2011年5月から、学校の校庭や保育園・幼稚園の園庭の表土をはぎ取る除染がおこなわれました。じょうずに除染すれば放射線量は元の10分の1に、普通に除染して5分の1に、除染があまりうまくいかなくても元の3分の1に下がりました。他の地域でも除染がおこなわれ[*2]、放射線量が除染前に戻ったところは1つもありませんでした。

　次ページの図は、本宮市に住む兄妹[*3]が個人線量計をつけて積算被ばく線量を測った結果です[*4]。兄が2012年6月以降に大きく下がった理由は、この子が4月から保育園に入園したからです。

　＊2　公園や公共建物、宅地などの除染によって、空間線量率（空間を飛んでいる放射線の1時間あたりの量）が元の3分の1～5分の1に下がるなどの効果が得られた。

　＊3　兄妹が住んでいた地域は、本宮市内で空間線量率がもっとも高い地域だった。

　＊4　天然の放射線による被ばくを除いたもので、追加被ばく線量という。福島第一原発事故によって外部にもれ出した放射性物質により、「余計に浴びた」放射線量で、ここでは追加「外部」被ばく線量である。

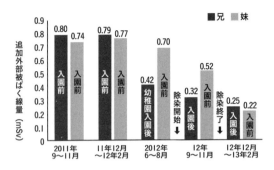

除染の有効性を示す結果（福島県本宮市の兄妹）

出典：野口邦和ら『福島事故後の原発の論点』本の泉社（2018年）

保育園では2011年5～6月に園庭の除染がおこなわれ、建物は放射線をさえぎる効果が大きい鉄筋コンクリート造でした。2012年12月までに地域での除染も終了したので、妹は幼稚園の入園前でしたが兄と同じレベルの被ばく線量に下がりました。2016年9～11月の測定結果は、兄妹ともに0.1ミリシーベルト（mSv）を下回り、一度下がった積算線量がまた元に戻ることはありませんでした。本宮市のこの兄妹のデータは、**除染をきちんとおこなえば追加外部被ばく線量は目に見えて下がり、後戻りすることはない**ことを示しています。

　福島県では、放射性核種の崩壊やウェザリングによって放射線量が下がったのに加え、除染でも低下してきています。**現在、人が居住している地域では、放射線量はいろいろな国の自然放射線量と変わりのないレベルにまで下がっていて、科学的には安心して暮らせる状況であるということができます。**

◎福島県内の除染の状況

　福島県内では、国が除染する「除染特別地域」と、市町村が除染する「汚染状況重点調査地域（市町村除染地域）」に分けて除染が進められてきました[*5]。**汚染状況重点調査地域は36市町村で、2018年3月までに除染がすべて終了しました[*6]。**

　除染により、土壌や汚泥、草木、焼却灰などが廃棄物として大量に発生します。これらは袋状の入れ物[*7]に詰められて、廃棄物が出た現場（2019年6月現在、約7万8千か所）または仮置き場（同、716か所）に保管されます。仮置き場は以下のような構造です。

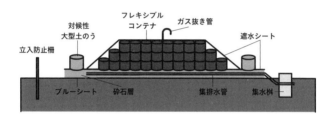

除染廃棄物の仮置き場（模式図）

　現場と仮置き場に保管された除染廃棄物は、福島第一原発に隣接した双葉町と大熊町の「中間貯蔵施設」に運びこまれることになっています。 国はそこで約30年間保管した後、福島県外のどこかへ運び出して最終処分する方針を示しています。しかし、最終処分場をどこにするかを含めて、除染廃棄物を中間貯蔵施設に運びこんだ後の見通しは、まったく立っていません。

＊5　「除染特別地域」は積算線量が年間 20 mSv（ミリシーベルト）を超える恐れがあるとされた「旧計画的避難区域」と、福島第一原発から 20 km 内の「旧警戒区域」。「汚染状況重点調査地域」は追加被ばく線量が年間 1 mSv 以上の地域を含む市町村。除染をめぐる状況は福島県の HP で見ることができる。

＊6　宅地で 42％（100 から 58 へ）、学校・公園で 55％、森林で 21％の削減が見られた。

＊7　フレキシブルコンテナバッグ（フレコンバッグ）という。

10 健康への影響はどうだったの?

福島県ではもっとも多いときで16万人を超える方々が避難生活を送りました。原発事故に伴う健康被害の状況はどうなっているのでしょうか。

◎外部被ばく量は幸いにもあまり多くなかった

下の図は、空間線量率[*1]がもっとも高かった事故直後の4か月間に、福島県の約46万人が被ばくした量の分布[*2]です。

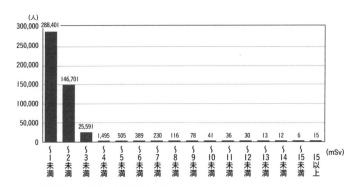

事故後4ヶ月間の実効線量の分布
出典:野口邦和ら『福島事故後の原発の論点』本の泉社(2018年)

*1　空間を飛んでいる放射線の1時間あたりの量。
*2　福島県県民健康調査の問診票に書かれた行動記録をふまえて、放射線医学総合研究所の外部被ばく線量評価システムによって2011年3月11日から7月11日の実効線量を推計した。線量は福島第一原発事故に伴って、自然放射線被ばくに「上乗せされた量」を示す。

　実効線量の分布は地域で異なりますが、**全県的には0〜5ミリシーベルト（mSv）未満が99.8％をしめました。** もっとも高かったのは、福島第一原発に近い相双地域^{*3}の1人の25mSvでした。

　下の表は、福島第一原発に近い12市町村から避難した人々の避難前と避難中、1年のうち残りの期間中に避難先で被ばくした線量を推計した結果です。この地区の事故直後1年間の平均実効線量は、すべての年齢層で数mSvから十数mSvのあいだでした。

事故直後1年間の避難者の地区平均実効線量（単位：mSv）

年齢層	予防的避難地区[※1]			計画的避難地区[※2]		
	避難前および避難中	避難先	事故直後1年間の合計	避難前および避難中	避難先	事故直後1年間の合計
成人	0 〜 2.2	0.2 〜 4.3	1.1 〜 5.7	2.7 〜 8.5	0.8 〜 3.3	4.8 〜 9.3
小児、10歳	0 〜 1.8	0.3 〜 5.9	1.3 〜 7.3	3.4 〜 9.1	1.1 〜 4.5	5.4 〜 10
小児、1歳	0 〜 3.3	0.3 〜 7.5	1.6 〜 9.3	4.2 〜 12	1.1 〜 5.6	7.1 〜 13

※1　高度の被ばくを防止するための緊急時防護措置として2011年3月12〜15日にかけて指示された地区の避難を指す
※2　2011年3月末から同年6月にかけて指示された地区からの避難を指す
出典：国連科学委員会（UNSCEAR）『2013年』報告書

　こうした結果が示すように、**福島第一原発事故で放出された放射性物質による外部被ばく量は、幸いにもあまり高いレベルにはなりませんでした。** 食品への対策が奏効して内部被ばく量もとても低いレベルに抑えられており、がん^{*4}の発生率が上昇するとは考えられないといっていいでしょう。

＊3　福島県は太平洋側から順に、浜通り、中通り、会津の3つの地域からなり、浜通りの中部と北部を相双地域という。海と阿武隈高地にかこまれて南北に長い。
＊4　確定的影響が起こる線量より、福島県民の被ばく線量は幸いにもずっと低かった。被ばくによる健康影響の可能性があったのは確率的影響の中でがんだけだが、その発生率も上昇するとは考えられない被ばく量に抑えられた。

◎「放射線を避けることによる被害」で多くの方が死亡

その一方で福島第一原発事故によって、被ばく影響以外のところで甚大な被害が起こっています。その象徴ともいえるのが、避難で50人もの方々が亡くなった「双葉病院の悲劇」です[5]。「放射線被ばくによる被害」を避けようとすると、そのかわりに「放射線を避けることによる被害」が起こってしまうのです。

右の図は東北３県の震災関連死者数の推移です。宮城県と岩手県が事故後１〜３か月後がピークであるのに対して、福島県は６か月後から２年後まで高いまま

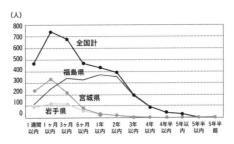

（人）

東日本大震災・福島第一原発事故の関連死者数
出典：清水修二ら『しあわせになるための「福島差別」論』かもがわ出版（2018年）

で横ばいになっています。これは原発事故による汚染で避難が長引いたことが原因であって、「放射線を避けることによる被害」にほかなりません。そのために福島県では、２千人以上の方々が亡くなりました。

避難した住民の多くは、ほんの数日間だと思って「着の身着のまま」で避難先に向かった人も少なくありません。それがそのまま、長期の避難生活を送ることになってしまいました。

避難は居住地が変わるだけでなく生活環境も大きく変え、次ページのように精神的にも肉体的にもさまざまな影響をもたらしました。こういった健康影響も原発事故の被害にほかなりません。

＊5　双葉病院の重篤患者34人と介護施設利用者98人は3月14日午前に避難を開始し、夜にいわき市内の高校に到着するまでに約14時間、230キロメートルの移動を強いられ、バスの中で3人、搬送先の病院で24人が亡くなった。残った95人の患者は3月15日、自衛隊により避難をした。その避難中に7人が亡くなり、最終的には14日と15日の避難に伴って50人が亡くなった。

長期の避難生活で起こった健康影響[6]

・妊娠への影響は見られなかったが、母親の精神的健康への影響が見られ、40％以上が放射線被ばくに伴う偏見・差別に不安をもっていた。

・15歳以下の子で、高い頻度で体重が減っていた。避難区域で生活した子に、肥満・高脂血症・肝機能障害・高血圧・糖代謝異常が見られた。

・避難している住民はしていない住民よりも、多血症を発症する人の割合が高い。多血症の長期化は心臓血管系疾患の発症と関係する。

・20歳以上の人の約10％が、新たに継続して飲酒するようになった。この要因には、睡眠が十分にとれない・精神的な苦痛がある。

・津波や原発事故の経験・放射線被ばくによる健康不安があげられた。

・避難している住民は避難していない住民よりも、慢性腎臓病の発症率が高かった。

・心房細動の有病率が、避難区域の居住者で増えていた。心房細動発症の危険因子は、多量飲酒と肥満であった。

・避難区域住民、特に避難者で過体重と肥満の人の割合が増えていた。身体活動量の低下、食生活の変化が関係している可能性がある。

・避難区域住民、特に避難者で血圧の上昇が見られた。男性は震災・原発事故後2年間に、避難したことが高血圧の発症に関連していた。

・避難者の糖尿病の発生率は、非避難者に比べて1.61倍高かった。

・津波だけでなく原発事故の体験が住民の記憶に刻まれ、さまざまな外傷後ストレス反応を生み出していた。

・避難地域の住民で肝機能障害が、非飲酒・飲酒量の多少によらず増えていた。飲酒状況に関係なく、避難生活は肝障害を引き起こした。

＊6　このページに記載した福島第一原発事故に関連した健康影響は、福島県立医科大学HP（http://kenko-kanri.jp/publications/）に掲載されている論文を要約して紹介したものです。いずれも福島県県民健康調査の結果に基づいて疫学的な分析をおこなったものであり、上記 HP で論文の日本語での概要を読むことができます。

11　甲状腺がんが見つかっているのはなぜ？

2011年3月11日時点でおおむね0〜18歳だった福島県の子どもたちを対象にした甲状腺検査で、200人以上に「がん」が見つかっています*1。このことをどう考えたらいいのでしょうか。

◎甲状腺がんはどんな「がん」なのか

甲状腺は私たちの「のどぼとけ」のあたりにあり、重さは大人で約20グラムです。甲状腺は甲状腺ホルモン*2の合成と分泌をしていて、その材料のヨウ素をさかんに取りこみます。原発事故が起こると、原子炉にたまった放射性ヨウ素がもれ出してきます。放射性ヨウ素も非放射性ヨウ素も化学的な性質に変わりはありませんから、私たちの体は区別できません。そのため、放射性ヨウ素も甲状腺に取りこまれてしまいます。

ここにできる甲状腺がんは、とても変わった「がん」です。一般に若い人のがんは「進行が速く、予後が悪い」といわれます。ところが甲状腺がんは、若い人で見つかるものは特に予後がよく、命を奪うことはほとんどないことが知られています。そのほかにも、右の表のような特徴があります。

また、亡くなった後に剖検で見つかるがんを「潜在がん」といい、甲状腺は潜在がんがとても多い臓器として知られています*3。つまり、甲状腺がんがあっても、寿命が尽きるまで何も起きないものが多いということです。

＊1　「先行検査」（2011年10月〜14年3月、30万473人が受診）で116人、「本格検査（検査2回目）」（2014年4月〜16年3月、27万516人が受診）で71人、「本格検査（検査3回目）」（2016年4月〜18年12月、21万7676人が受診）で21人が、「本格検査（検査4回目）」（2018年4月〜継続中、18年12月31日現在7万6979人が受診）で2人が、それぞれ穿刺吸引細胞診によって「悪性ないし悪性疑い」と判定された。
＊2　甲状腺ホルモンには細胞でのエネルギー代謝をさかんにするはたらきがある。

甲状腺がん（乳頭がん）の特徴

1	生存率が非常に高い
2	低危険度がんの進行はきわめて遅く、その多くは生涯にわたって人体に無害に経過する
3	若い人で見つかる乳頭がんは、ほとんどが低危険度がんである

◎スクリーニング検査をやってはいけない「がん」がある

　福島県でおこなわれている検査は、症状がない人を対象にして甲状腺がんを探していて、こうした検査をスクリーニングといいます。そして、スクリーニングの有効性*4を判断する上で重要なのが、「がんの進行の速さは違いが大きい」ということです。

「がん」の進行の速さは違いが大きい

1	進行があまりにも速いため、すぐに症状が出て死に至ってしまう	
2	ゆっくり成長し、いずれは症状が出て死に至るものの、それまでに何年もの時間がかかる	スクリーニングが有効なのは2のがんだけ
3	進行がとてもゆっくりで、生涯にわたって症状が出ない	ほとんどの甲状腺がんは3か4
4	がんではあるが、まったく進行しない	

　上の表のように、がんは進行の速さによって4つのタイプに分けられます。このうちスクリーニングが有効であるがんは、2だ

＊3　剖検は亡くなった方の遺体を解剖して調べること。フィンランド人の剖検で35.6％に甲状腺がんが発見されたという報告があり、日本人でも潜在甲状腺がんの発見率が11.3〜28.4％と報告されている。

＊4　スクリーニングの目的は「早期発見」と思っている人が多いが、それは間違い。スクリーニングが有効なのは、それをおこなった後に「集団全体において、そのがんの死亡率が低下した」ものだけである。

けです。ところが甲状腺がんはほとんどが３と４なので[*5]、スクリーニングは有効ではありません。**亡くなるまで何の症状も示さない甲状腺がんをスクリーニングで見つけてしまうのは、有効性がないだけではなく、過剰診断[*6]という大きな問題につながってしまいます。**

◎韓国で起こった過剰診断の問題

甲状腺スクリーニングによる過剰診断は、韓国の例がよく知られています。韓国では2000年頃から甲状腺がん発生率[*7]が急上昇し、元の15倍になりました。上昇のほとんどは、予後がよい乳頭がんという種類がしめていました。ところが甲

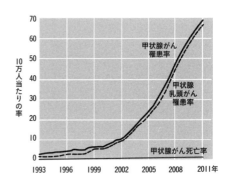

韓国での甲状腺がん罹患率・死亡率の推移

出典：H. S. Ahn et al., N. Engl. J. Med., Vol.371, No.19, pp.1765-1767（2014）

状腺がんによる死亡率は変わっていません。

その一方、手術によってさまざまな副作用が起こってしまいました[*8]。こうしたことから、甲状腺がんの発生率が急増したのは、**甲状腺検診を受ける人が増えたことに伴う過剰診断が原因であると考えられるようになりました。その後、韓国では甲状腺がんの**

＊5　ごくまれに未分化がん（タイプ１）が高齢になって発症するが、これもスクリーニングは有効でない。
＊6　症状が出たり、そのために死んだりしない人を、病気であると診断すること。過剰診断で見つけた病気を治療することは、過剰治療になってしまう。
＊7　ある集団において、一定の期間に新たに病気が発生した率。罹患率ともいう。
＊8　11％に副甲状腺機能低下症、2％で声帯につながる反回神経の損傷が起こった。

スクリーニングはやらない方向になりました。同様の問題は、アメリカでも起こっています。

◎福島での甲状腺被ばく量はチェルノブイリよりはるかに低い

甲状腺がんについて考える上で、福島第一原発とチェルノブイリ原発の事故の違いをふまえることも重要です。世界のさまざまな研究グループが事故による放射性ヨウ素（ヨウ素131）の放出量を推定していて、福島第一原発事故による放出量はチェルノブイリ原発事故のおよそ10分の1でした。

チェルノブイリ原発事故後、ベラルーシでは約3万人の子どもが1000ミリシーベルト（mSv）を超える被ばく（甲状腺等価線量）をし、最大は5900 mSvでした。一方、福島での被ばく量はそれより2ケタ少なく、最大で50 mSv程度と考えられています。

◎甲状腺がんの年齢分布も被ばくが原因でないことを示す

次ページの図は、チェルノブイリ原発と福島第一原発の事故後に見つかった甲状腺がんの、年齢分布を示したものです[9]。

チェルノブイリ原発事故では、事故時の年齢が低いほど甲状腺がんが多く見つかっており、年齢が上がるにしたがって低下しています。ところが福島第一原発事故後はチェルノブイリと違って、5歳以下では甲状腺がんは見つかっておらず[10]、10歳前後から年齢の上昇とともに甲状腺がんが増えていました。

＊9　事故後の最初の3年間に見つかった、事故時の年齢ごとの甲状腺がん症例の年齢分布。それぞれで見つかった全甲状腺がん症例数に対する各年齢での症例数の割合を示すグラフであり、チェルノブイリと福島での発見数の比較はできない。

＊10　放射性ヨウ素による甲状腺被ばくの発がんリスクは、5歳までにほぼ限定される。成人にバセドウ病治療などで放射性ヨウ素を投与してもリスクは高くならない。

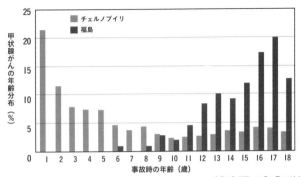

甲状腺がんの年齢分布の比較

出典：D. Williams, Eur. Thyroid J., Vol.4,
No.3, pp.164-173 (2015) .

　このように**甲状腺がんの年齢分布も、チェルノブイリ原発と福島第一原発の事故後でまったく異なります**[*11]。

◎被ばくとの関係を示す証拠は１つも見つかっていない

　スクリーニングで見つかった甲状腺がんの存在率[*12]と、原発事故による被ばく量の関係も調べられています。**福島県を外部被ばく線量が低い・中程度・高いという３つの地域に分け、それぞれの地域で甲状腺がんの存在率を比較したところ、「被ばく量が多いほど存在率が高い」という関係**[*13]**は見つかりませんでした**。また、被ばくしてから甲状腺がんが見つかるまでには、時間の遅れが見られます。チェルノブイリ原発事故の後でも、４年以内に過剰発生は見られていません。さらに、被ばく線量が低いほど時間の遅れが長くなることも知られています。ところが**福島では、事故後４年以内にすでに甲状腺がんが見つかっています。このことも、被ばくが原因ではないことを示しています**。

＊11　チェルノブイリ事故後の年齢分布をよく見ると、10歳を超えた頃から少しずつ増
　　　加している。この増加は放射線被ばくと関係がなく、年齢の上昇につれて増えてく
　　　る甲状腺がんによると考えられる。このことは、チェルノブイリ原発事故後に見つ
　　　かった甲状腺がんでも過剰診断が起こったことを示す。
＊12　ある時点の集団の中での病気の人数を、集団の総数で割った値。有病率ともいう。
＊13　線量反応関係という。被ばくによるものなら、線量反応関係が見られるはず。

◎「甲状腺スクリーニングはおこなうべきでない」と提言

国連科学委員会をはじめ多くの専門機関は、**福島県の子どもたちに見つかっている甲状腺がんは放射線によるものではないだろうと判断しています。つまり、感度の高い検査法でスクリーニングをおこなったことが原因であるということです。**このことは甲

過剰診断がもたらす重大な被害

1	小児甲状腺がんで命を取られることはまずないのに、世間一般では明日をも知れぬ命とみなされてしまう
2	10代でがん患者のレッテルを貼られたまま、進学、就職、結婚、出産といった人生の重大なイベントを乗り越えていくハンディは並大抵のものではない
3	子どもたちは人生のイベントごとに「手術しようか、どうしようか」と決断を迫られることになる
4	医学知識のない人に「放射線でがんになったのに、治療せずに放置するやっかいな子」と誤解され、就職や結婚に影響してしまう可能性がある

過剰診断の被害は診断された時点で起こる。
それは子どもに対する人権侵害であり、被害はきわめて深刻である

出典：高野　徹、日本リスク研究学会誌、Vol.28, No.2, pp.67-76 (2019) に基づいて作成

状腺がんの発見が過剰診断だったことを意味し、上の表のような重大な被害に結びつきます。

こうした状況をふまえて国際がん研究機構（IARC）は2018年9月、「原発事故後の甲状腺スクリーニングを実施することは推奨_{すい}しない」とする提言を出しました[*14]。つまり、**もし今後に原発事故が発生したとしても、「福島県のような集団での甲状腺検査をすべきではない」**ということです。IARC提言は福島の検査には言及していませんが、その内容を読めば、甲状腺スクリーニングは中止する必要があるという意味だと判断できます[*15]。

＊14　原子力事故後の甲状腺モニタリングに関する提言。日本語訳が環境省 HP で閲覧できる。

＊15　甲状腺がんが見つかった子どもには、生涯にわたって公費による医療をおこなうことが必要であろう。

12 福島第一原発や避難区域の現状はどうなっているの?

原子炉の地下に地下水が流れこんで汚染水となっていて、その低減対策と放射性物質の除去処理がおこなわれています。世界で経験のない事故炉の廃止措置には、長い時間が必要です。

◎原子炉の放射能濃度は依然としてきわめて高いまま

　福島第一原発で事故が起こってから、2020年3月で9年になります。原子炉は今どうなっているのでしょうか。

　1～4号機の状況は、下の図のようになっています[1]。**事故がどのようにして発生し、どのような経過をたどってシビアアクシデントに至ったのかを解明するためには、原子炉の状況をつぶさに見ることが必要です。ところが、今なお原子炉などの放射能濃度はきわめて高く、近づくことはできません。**

　1979年に空焚き事故を起こしたアメリカ・スリーマイル島原発

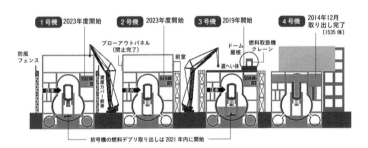

福島第一原発1～4号機の状況

出典：資源エネルギー庁「廃炉の大切なお話 2019」

---

*1　事故を起こした福島第一原発1～3炉の原子炉圧力容器の温度、原子炉格納容器の温度・放射能濃度・水素濃度のリアルタイムのデータを、以下のサイトで見ることができます。http://www.tepco.co.jp/decommission/data/plant_data/index-j.html

事故では、放射能濃度が下がって原子炉の破壊状況を調べることができるまでに、約10年かかりました。**事故の状況がはるかに深刻である福島第一原発は、スリーマイル島よりもさらに時間が必要です。**

　事故で溶融した核燃料からは、放射性核種の崩壊で熱が発生し続けているので、水を注いで冷却されています。事故当時よりも発熱量は減り、原子炉内の温度は15〜35℃あたりで推移しています。夏に水温が上がり、冬は下がるといった季節変動をしていて、これも発熱量の低下に伴うものです。

◎廃炉措置に向けた取り組み

　廃炉措置などに向けた「中長期ロードマップ」が2011年12月21日に政府から発表されましたが、これまでに何度も見直しがおこなわれ、そのたびに作業工程が先延ばしになる傾向があります。図は2019年8月現在のものです。

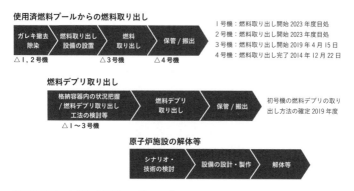

使用済燃料プールからの燃料取り出し

| ガレキ撤去 除染 | 燃料取り出し 設備の設置 | 燃料 取り出し | 保管／搬出 |

△1, 2号機　　△3号機　　△4号機

1号機：燃料取り出し開始 2023年度目処
2号機：燃料取り出し開始 2023年度目処
3号機：燃料取り出し開始 2019年4月15日
4号機：燃料取り出し完了 2014年12月22日

燃料デブリ取り出し

| 格納容器内の状況把握 ／燃料デブリ取り出し 工法の検討等 | 燃料デブリ 取り出し | 保管／搬出 |

△1〜3号機

初号機の燃料デブリの取り出し方法の確定 2019年度

原子炉施設の解体等

| シナリオ・ 技術の検討 | 設備の設計・製作 | 解体等 |

廃炉措置等に向けた中長期ロードマップ (2019年8月現在)

このロードマップの中で、燃料デブリ*2の取り出しがもっとも難関な工程です。**原子炉格納容器にもれ出した燃料デブリを取り出した経験は、たくさんの原発が稼働してきたアメリカやフランス、ロシアをはじめ、世界中のどの国にもありません。**これを福島第一原発の1〜3号機で実施することになります。

工程に多少の遅れがでたとしても、政府と東京電力は周到な準備をおこない、安全最優先で慎重・確実に進めていくことが必要と思われます。また、国民も廃炉措置が終わるまで世代を超えて関心をもち続けて、推移をしっかり見守ることが大切でしょう。

◎地下水の原子炉建屋地下への流入対策

福島第一原発の敷地の地下には、山側から海側に向かって大量の地下水が流れています。事故の前には、建屋地下への地下水の流入防止と、地下水によって揚力*3が建屋にはたらくのを防ぐために、サブドレンという井戸を掘って*4 1〜4号機で1日あたり850トンもの地下水をくみ上げていました。

ところが、地震と津波でサブドレンがすべて壊れ、井戸にがれきなどが混入して使用不能になったことなどで、**原子炉建屋やタービン建屋の地下に1日約400トンの地下水が流入するようになりました。この地下水が建屋の地下にたまっていた高濃度汚染水と混ざって、汚染水が増え続けました。汚染水を減らすためには、まずは建屋地下に流入する地下水を減らさなくてはなりません。**そのために、①敷地内の山側に地下水バイパスという井戸を掘って、地下水をくみ上げる、②敷地内を舗装して雨が染みこむ

---

*2 原子炉圧力容器内の炉心燃料が、原子炉格納容器の中の構造物（炉心を支える材料や制御棒、圧力容器底部のコンクリートなど）と一緒に融けて固まったもの。

*3 地下水位が建物の底面より高いと、建物の底面に揚力（浮力）が作用して建物を浮き上がらせる。たとえば、東北新幹線の上野駅は地下30メートルまで掘削していて、地下水の強い揚力を受けるため、岩盤まで掘削して鋼材で固定している。

*4 57本の井戸が建屋の周辺に設置されていた。

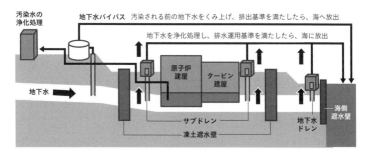

地下水の建屋への流入低減と海への漏洩防止

出典：福島県 HP の図を一部改変

のを抑える、③サブドレンを復旧・新設して地下水をくみ上げる、④土を凍らせた壁（遮水壁 *5）を設置する、という対策がおこなわれました。①〜④により、汚染水の発生量は１日あたり100トン程度に減ってきましたが、①〜③の対策は限界に近いとされ、④の凍土遮水壁がカギとなります *6。

　１〜４号機の建屋地下などの高濃度汚染水は約３万４千トン（2020年１月）で、その浄化対策がされています（後述）。**汚染水が海にもれ出すのも防がなくてはいけません。**海の近くに地下水ドレンという井戸が設置され、汚染した地下水をくみ上げています。１〜４号機の海側には遮水壁が設置され、汚染水が海にもれ出すのを防いでいます。海側遮水壁の効果により、これが設置された以降に海水の放射能濃度が大きく減りました。

＊5　320億円もの費用が投じられたが、一部凍らない箇所が残るなど効果が上がらない状況が続いたため、原子力規制委員会の委員長代理が「壁というより、すだれに近い状態」と述べるなど、効果に疑問も出されてきた。

＊6　汚染水対策の進み具合は、以下で閲覧できます。
http://www.tepco.co.jp/decommission/progress/watermanagement/index-j.html

◎汚染水の浄化対策

建屋地下などの汚染水は、吸着装置（KURIONとSARRY）で放射性セシウム濃度を浄化前の5〜6万分の1に減らしてから、淡水化装置で淡水と処理水（濃縮塩水）に分離されます。**淡水は1〜3号機の注水冷却に使われ、処理水（濃縮塩水）は多核種除去設備（ALPS）で水素3（トリチウム[*7]）以外の放射性物質を除去し[*8]、排水の法定濃度限度以下にします。**

浄化処理がされてタンク内に所蔵している処理水は、2023年9月7日現在で約133万3千トンです[*9]。ALPS処理水に含まれるトリチウムは水分子として存在し、どんな除去装置でも取り除くことはできません。希釈して排水の法定濃度限度以下にしたうえで、2023年8月24日から海洋への放出が行われています。

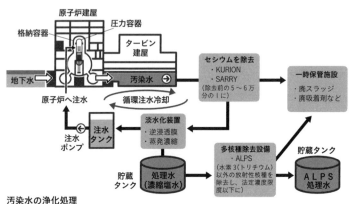

汚染水の浄化処理
出典：東京電力HPを参考にして作成

---

*7　トリチウムは危険性の高い放射性物質ではない。詳しくは「2-8　涙ひとしずくに数千個入っているの？《水素3》」をご覧ください。

*8　処理水（濃縮塩水）にはストロンチウム90が含まれているため、ALPSで処理する前にストロンチウム除去装置で処理される。この処理によって、処理前の10分の1〜1000分の1の放射能濃度に減らすことができるとされる。

*9　http://www.tepco.co.jp/decommission/progress/watertreatment/

◎避難指示区域はどうなっているのか

避難指示は、除染やインフラ・生活環境の整備によって、①**避難指示解除区域**（年間積算線量20ミリシーベルト（mSv）以下となることが確実であると確認された地域）、②**特定復興再生拠点区域**（帰宅困難区域内で、避難指示の解除により居住することを可能とする区域。すでに全域が解除されている）、③**帰還困難区域**（事故後6年間を経過してもなお、20 mSvを下回らない恐れのある、2012年3月時点で50 mSv超の地域）に分けられています。2023年5月時点で避難指示区域は図の通りです。

避難指示区域の概念図

令和5年1日時点　飯舘村の特定復興再生拠点区域の避難指示解除後
出典：福島県HP

なお、年間積算線量が20 mSv以下になっただけで避難指示が解除されるのではなく、①**日常生活に必須なインフラがおおむね復旧**、②**生活関連サービスがおおむね復旧**、③**子どもの生活環境を中心とする除染作業が十分に進捗**、という状況になった段階で、**県・市町村長・住民の十分な協議をふまえて解除する**とされています*10。

* 10　環境省放射線健康管理担当参事官室などの資料に書かれている。このうち③については、どの程度の実効線量になったら「除染作業が十分に進捗」と判断されるかが示されていないため、「20 mSv以下になったら解除」という誤解を生む原因になっている。地元が納得できるように、十分な協議をおこなうことも重要と思われる。

13 処理水の海洋放出が始まったけど、大丈夫なの？

福島第一原発の構内にたまり続けている処理水が、2023年8月24日から海洋に放出されています。海洋放出は今後、30年以上にわたって続きます。安全性に問題はないのでしょうか。

事故直後から発生し続けている汚染水は、当初の1日約400トン（t）から約100 tに減っていますが、現在もたまり続けています。汚染水からの放射性物質の分離は化学的な方法*¹で行いますが、それは化学の長い歴史の中で確立されてきたもので、化学の実験室では日常的に使われています。

◎ トリチウムはなぜ水から分離できないのか

セシウム137やストロンチウム90などの水に溶けた放射性物質は、化学的な方法を使って水から分離できます。ところがこの方法でトリチウム（水素3、T）は水から分離できません。その理由は、トリチウムは水に溶けているのではなくて、「水分子そのもの」だからです。実験室でごく少量のトリチウム水（HTO）を、普通の水（H2O）から分離する方法はありますが、その方法はトン単位の処理水からHTOを分離するのには使えません*²。

*1　共沈法（放射性物質は微量なので沈殿剤を入れても沈殿しないことが多いが、放射能をもたない同位体（安定同位体）などを加えると沈殿することがあり、共沈という）、溶媒抽出法（水と油のように互いに混ざり合わない2つの液体（溶媒）の間で、溶けやすさに違いがあることを利用）、イオン交換法（特定のイオンを放出する基をもった有機高分子重合体（ポリマー）を用いて分離）などがある。
*2　原理的に無理なので、「将来はトン単位で分離できるようになる」とはならない。

　上の図は汚染水処理過
程での、汚染水中の放射性
物質の濃度変化を示しま
す。放射性セシウム（Cs）
とストロンチウム（Sr）は
浄化処理で当初の約1000
万分の1に低下しています
が、トリチウム（H-3）濃
度はまったく変化してい
ません。

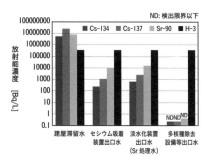

**汚染水処理過程における
主な放射性物質の濃度**

出典：東京電力、福島第一原子力発電所における廃炉・
汚染水処理の状況（2016）

　下の図は多核種除去装
置（ALPS）等で処理した
水に含まれる放射性物質
の濃度変化です。処理後に
主な放射性物質（セシウム
137からアンチモン125ま
で）の濃度は、処理前に比
べて数十分の1〜1億分
の1程度に低下し、トリチ
ウム以外の放射性物質の
合計も数百分の1程度に
下がっています。ところが
トリチウムはまったく変
化していません。

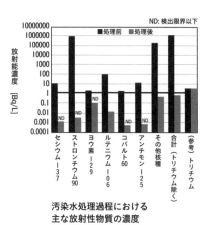

**汚染水処理過程における
主な放射性物質の濃度**

出典：同上

◎1960年代の雨のトリチウム濃度

トリチウムは天然起源（宇宙線）と人工起源（核実験、原子炉）の核反応で作られますが[3]、それぞれで作られたトリチウムに違いがあるかというと、何もありません。

水爆実験が1952年に始まり、部分的核実験禁止条約が発効する直前の1961、62年に「かけこみ実験」といわれる大気圏内核実験が次々と行われたことによって、天然起源トリチウムをはるかに上回るトリチウムが生成して、成層圏から対流圏へ広がっていきました。**そのため、雨に含まれるトリチウム濃度は急上昇していき、1960年代前半には現在よりも3ケタ高くなりました。**一方、これに伴う健康面の影響は一つも報告されていません。

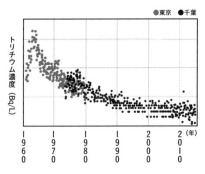

●東京　●千葉

縦軸：トリチウム濃度（Bq/L）

日本に降った雨のトリチウム濃度の推移

出典：柿内秀樹「トリチウムの環境動態及び測定技術」日本原子力学会誌、第60巻、第9号、31-35頁（2018）

◎法令による放射性物質の規制

放射性物質から出る放射線で障害が起こることを防ぐために、放射性物質の取り扱いは法令で規制されています。その基本が、放射性同位元素等の規制に関する法律（RI法）です。

右の2つの表はRI法の下で定められたもので、上は放射性物質がどのくらい危険かの目安、下は空気中・海水中などに放射性物質を放出する際の濃度制限を示します。

＊3　詳しくは「2-8　涙ひとしずくに数千個入っている？《水素3》」をご覧ください。

上の表でトリチウムとストロンチウム90を比較すると数量で10万倍、濃度では１万倍、トリチウムの規制が緩（ゆる）いことがわかります。これはトリチウムから出るベータ線のエネルギーがとても小さいからです。

放射線を放出する同位元素の数量等を定める件「別表第一」の一部

第一欄		第二欄	第三欄
放射線を放出する同位元素の種類		数 量	濃 度
核 種	化学形等	(Bq)	(Bq/g)
トリチウム（水素3）		1×10^9	1×10^6
カリウム 40		1×10^6	1×10^2
コバルト 60※		1×10^5	1×10^1
ストロンチウム 90※	放射平衡中の子孫核種を含む※※	1×10^4	1×10^2
ルテニウム 106※	放射平衡中の子孫核種を含む※※	1×10^5	1×10^2
アンチモン 125※		1×10^6	1×10^2
ヨウ素 129※		1×10^5	1×10^2
セシウム 137※	放射平衡中の子孫核種を含む※※	1×10^4	1×10^1

※　　汚染水処理過程における主な核種を示す。
※※　「1-6 放射線をはしても安定にならない原子がある？」を参照。

放射線を放出する同位元素の数量等を定める件「別表第二」の一部

第一欄		第二欄	第三欄	第四欄	第五欄	第六欄
核 種	化学形等	実効線量係数（経口摂取）(mSv/Bq)	実効線量係数（経口摂取）(mSv/Bq)	空気中濃度限度(Bq/cm³)	排気中又は空気中の濃度限度(Bq/cm³)	排気中又は空気中の濃度限度(Bq/cm³)
トリチウム	水	1.8×10^{-8}	1.8×10^{-8}	8×10^{-1}	5×10^{-3}	6×10^1
トリチウム	有機物（メタンを除く）	4.1×10^{-8}	4.2×10^{-8}	5×10^{-1}	3×10^{-3}	2×10^1

　トリチウム水（HTO）の排水中の濃度限度は、その濃度の水を毎日２リットル（L）ずつ飲み続けた場合に、内部被曝量が１年に１ミリシーベルト（mSv）を下まわるように定められました※4。

　＊4　トリチウム（水）の排水中の濃度限度（60Bq/cm³）に１日２L（2000cm³）、365日、トリチウムの実効線量係数（経口摂取）である 0.000000018mSv/Bq をかけると 0.79mSv になる。60Bq/cm³ × 2000cm³ × 365 × 0.000000018mSv/Bq ＝ 0.79mSv

◎複数の放射性物質が含まれる場合はどう規制するか

水に放射性物質が1種類含まれる場合、下の表「第六欄」の濃度限度（告示濃度）を超えているか否かで判断します。超えていれば排水できず、超えていなければ排水できます。

2種類以上の場合は、放射性物質ごとにその濃度の「告示濃度に対する比」を計算して、その合計（和）で放出の可否を判断します。その和のことを「告示濃度比総和」といい、これが1を超えると排出できず、1以下だったら排出できます。

例えば、水にn種類の放射性物質が含まれている場合、告示濃度比総和は以下の式で計算します。

$$\frac{\text{放射性核種 I の濃度}}{\text{放射性核種 I の告示濃度}} + \frac{\text{放射性核種 I の濃度}}{\text{放射性核種 I の告示濃度}} + \cdots + \frac{\text{放射性核種 n の濃度}}{\text{放射性核種 n の告示濃度}} = \text{告示濃度比総和}$$

◎処理水の放出にあたってのトリチウム濃度

ALPS処理水の海洋放出方針は、トリチウム濃度を1Lあたり1500ベクレル（1500Bq/L）未満にするとしています。これは現在行われている福島第一原発のサブドレンや地下水バイパス等[5]を排出する際の運用目標と同じ水準です。表から告示濃度比総和を求めると、0.219です。

福島第一原発敷地内のタンク

排水にあたっての運用目標

核種	放射能濃度 （Bq/L）	排水の告示濃度 （Bq/L）
セシウム134	1	60
セシウム137	1	90
全ベータ	5（1）※	30
トリチウム	1500	60000

※ おおむね10日に1回の頻度で1Bq/L未満であることを確認

---

*5 詳しくは「5-12 福島第一原発や避難区域の現状はどうなっているの？」をご覧ください。

に保管する水は約15万〜
約250万Bq/L（加重平均
73万Bq/L）で、1500 Bq/
Lにするには約100〜1700
倍（加重平均500倍）の希
釈が必要です。ALPS処理
水を100倍以上に希釈する
と、告示濃度比総和（ト
リチウムを除く）は0.01未
満となります。

**飲料水中のトリチウム濃度限度と
１年間飲んだ場合の被ばく線量**

	トリチウム濃度限度（Bq/L）	被ばく線量（mSv/ 年）
Ｅ Ｕ	100	0.001
アメリカ	740	0.01
カナダ	7,000	0.09
ロシア	7,700	0.1
スイス	10,000	0.13
ＷＨＯ	10,000	0.13
フィンランド	30,000	0.4
オーストラリア	76,103	1

出典：柿内秀樹「トリチウムの環境動態及び測定技術」日本原子力
学会誌、第 60 巻、第 9 号、31-35 頁（2018）

◎欧米のトリチウム濃度規制

　比較のために、右上の表に欧米での飲料水中トリチウム濃度
の規制値を示します。世界保健機関（WHO）は、飲料水に放
射性核種が含まれていて年間を通じて摂取した場合に被ばく量
が0.1mSvになる濃度をガイダンスレベルとして、トリチウムは
１万Bq/Lと評価しています。

◎海洋放出の問題点はどこにあるのか

　以上のことをふまえると、ALPS処理水の海洋放出に看過でき
ないリスクはない、と判断できます。

　処理水の海洋放出は、放射性物質のリスクをどう認識すべきか、
放出が被災地の福島県にどんな影響を与えるのか、といったこと
について国民的な議論が行われるべき課題でした。ところが、残
念ながらそのような議論はきわめて不十分で、放出賛成と反対が
大きく対立したまま放出開始の日を迎えてしまいました。

14 事故を起こした原発で新たな汚染が見つかった?

福島第一原発1〜3号機で、高放射能汚染が見つかりました。そこに蓄積したセシウム137の量は、事故時に大気中に放出された量を上回っています。いったいどんな汚染なのでしょうか。

2021年3月と2023年3月に、原子力規制委員会のもとに2019年に設置された「東京電力福島第一原子力発電所における事故の分析に係る検討会」が「中間とりまとめ」を公表しました。この2つの文書で特筆されるのが、**1〜3号機原子炉建屋のシールドプラグで見つかった高放射能汚染**です。

◎シールドプラグとはどんなもの?

右は2号機の原子炉建屋の略図[*1]で、破線で囲ったところがシールドプラグです。原子炉格納容器の上部には原子炉ウェル[*2]があり、その開口部にある遮蔽用の上蓋をシールドプラグといいます。

原子炉ウェルの開口部は、定期検査を行う時は水を張って格納容器や圧力容器から出てくる放射

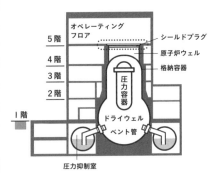

福島第一原発2号機の原子炉建屋

出典:原子力規制委員会「東京電力福島第一原子力発電所における事故の分析に係る検討会(第10回)資料3」31頁(2020)の図を一部改変

*1 1、3号機もほぼ同じ構造。
*2 原子炉上部にある空間。核燃料を交換する時は使用済燃料プール水面と同じレベルになるように水を張って、燃料などを原子炉圧力容器と使用済燃料プールの間で水中移送するために使用する。

線を遮蔽しています。**ところが、運転している時は水を張らないので、遮蔽されない状態になります。**そこで、原子炉ウェルの開口部に鉄筋コンクリートの上蓋を 3 枚重ねて、運転時に放射線を遮蔽します。これがシールドプラグの役割です。

◎シールドプラグの重さは160〜170トン

　下の図は、シールドプラグの細かな構造を描いたものです。記載の通り、ずいぶん大きくて重い物ですね。

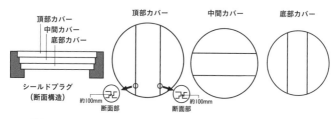

		上層（頂部カバー）	中間層（中間カバー）	下層（底部カバー）
1号機	直径	約12.4m	約12.1m	約11.8m
	厚さ	約63cm	約63cm	約63cm
	重さ	63t、56t、63t	59t、55t、59t	55t、53t、55t
2号機	直径	約11.8m	約11.6m	約11.3m
	厚さ	約62cm	約61cm	約61cm
	重さ	55t、55t、55t	50t、55t、50t	45t、55t、45t
3号機	直径	約11.8m	約11.6m	約11.3m
	厚さ	約62cm	約61cm	約61cm
	重さ	55t、55t、55t	50t、55t、50t	45t、55t、45t

シールドプラグの構造

出典：原子力規制委員会「東京電力福島第一原子力発電所における事故の分析に係る検討会（第14回）」
　　　資料5-1、3頁 (2020) の図を一部改変

　シールドプラグは一番上から、上層（頂部カバー）・中間層（中間カバー）・下層（底部カバー）の 3 層からなり、下に行くほ

ど直径が徐々に小さくなっています。大まかな寸法は、**直径が約12メートル（m）、厚さは約60センチメートル（cm）、重さは160～170トン（t）です。それぞれ3つのパーツで構成され、各パーツの重さは45～60tもあります。**

◎どこが何によって汚染されているのか？

シールドプラグの高放射能汚染で問題になるのは、ガンマ線[*3]です。**福島第一原発事故で環境にもれ出た放射性物質で、10年以上たった現在でもガンマ線が問題になるのはセシウム137、セシウム134、アンチモン125[*4]だけで、その中でもセシウム137がほとんどで**す。そのため、「中間

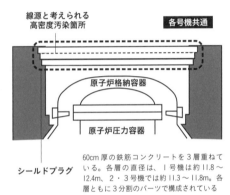

線源と考えられる高密度汚染箇所

各号機共通

原子炉格納容器

原子炉圧力容器

シールドプラグ

60cm 厚の鉄筋コンクリートを3層重ねている。各層の直径は、1号機は約11.8～12.4m、2・3号機では約11.3～11.8m。各層ともに3分割のパーツで構成されている

シールドプラグの外観構造

出典：原子力規制委員会「東京電力福島第一原子力発電所事故の調査・分析に係る中間取りまとめ─2019年9月から2021年3月までの検討」、167頁 (2021) の図を一部改変

とりまとめ」も、ほぼセシウム137を中心に述べています。

　シールドプラグのセシウム137による強い汚染は、上の図に示すように、上層と中間層の間にあると考えられています。なぜ、そのように考えられるのでしょうか。

＊3　詳しくは「1-2　放射線ってどんなふうに飛んでいるの？」をご覧ください。
＊4　半減期はそれぞれ、セシウム137（30.08年）、セシウム134（2.065年）、アンチモン125（2.759年）。

◎どこからガンマ線がやってくるのか?

セシウム137が、下の図のように3か所にあると仮定します。そこから出た**ガンマ線の強さは、カバー1枚の通過ごとに500分の1に減ります。するとシールドプラグ上面に出てくる時には、左から順に500分の1・25万分の1・1億2500万分の1に減ることになります。**

このように、中間層と下層の間や下層の下面にセシウム137の沈着があっても、シールドプラグ上面にはほとんどやってきません。したがって上面で観測される強い放射線の原因は、上層と中間層の間にあるセシウム137に限られると考えられるわけです。

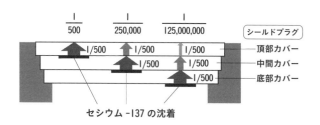

シールドプラグに由来する放射線はどこからやってくるか

出典:野口邦和「福島第一原発のシールドプラグの高放射能汚染」、
　　　山崎正勝ら編『証言と検証　福島事故後の原子力』あけび書房所収から作成

◎1～3号機でのセシウム137存在量

1号機シールドプラグの上層と中間層の間に沈着したセシウム137は、約0.1～0.2ペタベクレル(PBq)[*5]と評価されています(2023年「中間とりまとめ」、以下同じ)。一方、2号機は約84PBq、3号機は約62PBqでした[*6]。

＊5　Pはペタと呼び、10の15乗を表す。1PBqは1000兆Bq。
＊6　3号機は下方からのガンマ線だけを測定できているため、もっとも正確とされている。

1～3号機とも、炉心溶融した燃料に含まれるセシウム137は蒸気になって、圧力容器→格納容器→原子炉ウェル→シールドプラグ→5階オペレーションフロア（オペフロ）という経路を通って放出されました。1、3号機は原子炉建屋の水素爆発が起こって、5階の天井・柱・壁などが大破損しています。2号機は水素爆発が起こっていませんが、結果的にこれが災いして5階オペフロの放射線量はとても高くなっています。

　1号機のシールドプラグは、何らかの理由で3層とも正規の位置から大きくずれて、上層では歪み（変形）も認められています。1号機のセシウム沈着量が2、3号機の100分の1以下である理由については、シールドプラグが正規の位置からずれたことで雨水が流入し、セシウム137を洗い流したからではないかという意見があります。しかし、これを疑問視する意見もあり、原因は未解明のままとなっています。

◎シールドプラグの高放射能汚染と環境放出の関係

　2011年3月時点で福島第一原発1～3号機の炉心に蓄積していたセシウム137は約700PBqで、そのうち約15PBqが大気中に放出され、溶融燃料から汚染水に移行したのが約430PBqと評価されています。計算上は1～3

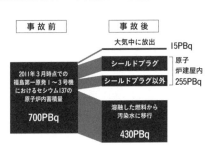

原子炉にあったセシウム137はどこへ行ったか

出典：野口邦和「福島第一原発のシールドプラグの高放射能汚染」、山崎正勝ら編『証言と検証　福島事故後の原子力』あけび書房（2023年）所収から作成

＊7　700 −（430 ＋ 15）＝ 255(PBq)

＊8　野口邦和さん（放射化学、放射線防護学）は、「にわかには信じがたいというのが、率直な感想」と述べている（野口邦和「福島第一原発のシールドプラグの高放射能汚染」、山崎正勝ら編『証言と検証　福島事故後の原子力』あけび書房(2023年)所収）。

号機の原子炉建屋内に約255PBq[*7]のセシウム137が溜まっていることになり（左ページの図）、１〜３号機シールドプラグのセシウム137沈着量（146PBq）はその６割弱です[*8]。

　福島第一原発事故でのセシウム137大気放出量は、チェルノブイリ原発事故の約85PBqと比べて少なかったのですが、シールドプラグへの大量沈着が原因の一つかもしれません。

◎廃炉工程の見直しが必要

　２号機原子炉ウェルの放射線量を調べたところ、最大で約530ミリシーベルト毎時（mSv/h）が観測されました（下の図）。シールドプラグに多量のセシウム137があるのは確実です。燃料デブリ[*9]を取り出す前に、これを飛散させずにシールドプラグを撤去する必要があり、１〜３号機の廃炉工程は見直しが必至と考えられます。

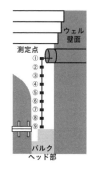

測定点	距離(cm)	線量率(mSv/h)
①	0	74.6
②	50	150
③	100	330
④	150	300
⑤	200	310
⑥	250	380
⑦	300	440
⑧	350	530
⑨	400	350

２号機原子炉ウェルの線量率測定結果

出典：原子力規制委員会「東京電力福島第一原子力発電所事故の調査・分析に係る中間取りまとめ（2023年版）」、118頁 (2023) の図を一部改変

＊９　詳しくは「5-12　福島第一原発や避難区域の現状はどうなっているの？」をご覧ください。

15 原発事故が起きたら どうやって身を守ればいいの？

> 原発事故で放射性物質が飛んで来たら、①遮蔽、②距離、③時間の対策で被ばく量を減らしましょう。たまっている放射性物質を除染することで、被ばく量を大幅に減らすことができます。

　日本では現在、いくつかの原子力発電所が運転しています。もし原発で事故が起こったら、身を守るためにどんなことをすればいいのでしょうか。

◎飛んでくる放射線をさえぎる【遮蔽】

　原発事故で放射性物質がもれ出した場合、そこから飛んでくる放射線をできるだけ浴びないようにする必要があります。最初におこなうのは、周辺から飛んでくる放射線にさらされる場所（窓際など）では、放射線をさえぎる物（遮蔽体）を置いて浴びる量を減らすことです。

　大きなペットボトルに水を入れて置いたり、砂を入れた袋を積んだりすれば、放射線をさえぎることができます[*1]。

◎放射線源から遠ざかる【距離】

　遮蔽しても放射線があまり減らない場合は、放射線を出しているところからできるだけ距離をとりましょう。部屋の中では、窓際よりも中心部のほうが放射線レベルは低くなります。

　放射線測定器を使えるのなら、家の中でどこが放射線レベルのもっとも低い場所なのかを調べてみましょう。その場所で過ごす

[*1]　学校や保育所などで窓際に本棚がある場合も、外から飛びこんでくる放射線を防いでくれる。

ようにすれば、放射線を浴びる量を減らすことができます。

◎放射線を浴びる時間をできるだけ短くする【時間】

遮蔽と距離の対策をした上で、さらに放射線被ばくを減らすために、放射線を浴びる環境にいる時間をできるだけ短くしましょう。身のまわりで放射線レベルの低い場所にいる時間をできるだけ長くすることが大切です。

ここでお話しした放射線を浴びる量を減らす対策は、①遮蔽→②距離→③時間の順におこないます。たとえば、遮蔽を十分にしないで距離をとっても、効果は十分にあがりません。

◎放射能雲（プリューム）から身を守る

原発事故が起こると、真っ先に出てくる恐れがあるのが、キセノン133などの放射性貴ガスを含んだ放射能雲（プリューム）＊2です。キセノン133はベータ崩壊し、そのときにベータ線とガンマ線を出します。ベータ線は空気中で吸収されますが、ガンマ線は遠くまで届きます。貴ガスは周囲の物質と化学反応を起こさないので、問題となるのは上空を通過するときの外部被ばくです。これをさえぎるために、次の対策をおこないましょう。

（1）建物に逃げこむ　事故が起こったことを知ったら、とりわけ風下方向にあたる地域の人は、できればコンクリート製の建物の内部に逃げこみましょう。木造家屋の場合でも、屋内に入れば大幅に被ばくを減らすことができます。

＊2　放射能雲には放射性貴ガスのクリプトン85も含まれる。キセノンやクリプトンは周囲の物質と反応することがなく、いち早く環境中に放出されてくる点で、特に事故初期には注意が必要である。キセノン133は半減期5.24日、クリプトン85は半減期10.8年なので、キセノンは比較的早くなくなっていく。クリプトンは四方八方に薄められて大気圏に拡散されていくあいだにだんだん減っていく。

（2）建物の密閉性を高める　建物は窓を閉めたり換気口をふさいだりして密閉性を高めて、放射性ガスが屋内に侵入することを防ぎます。貴ガスを吸いこんでしまうと、肺が直接ベータ線にさらされる恐れがあります。

　まずはドアや窓を閉め、外界に通じる穴があれば新聞紙を丸めて詰めこむなど簡単な方法で穴をふさぎます。あまりキチンと目張りしようとしてグズグズしているよりも、まずは大まかに穴をふさぎ、余裕があったらその後で目張りをしましょう。

◎放射性物質はまだらに降り積もる

　原発事故でもれ出した放射性物質は同心円状に均等に広がるわけではなく、風向・風速・降雨や降雪・地形に左右されて、原発の周辺や離れた場所にまだら模様に降り積もります。そのため、放射性物質が広い範囲の地表に降り積もったホットエリアや、水たまり・落ち葉・雨どいなど局部にたまったホットスポットができます。放射線被ばく量を減らすために、ホットエリアやホットスポットがどこにあるのかを知ることも重要です。

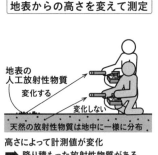

　放射線測定器は、宇宙線や大地からの放射線のほかに、降り積もった放射性物質による放射線を検出します。**地面からの高さや場所を変えて測定すれば、原発から出てきた放射性物質があるかないかを知ることができます**[*3]。

　ホットエリアの場合、地表から1メートル（m）での測定値は、地表10センチメートル（cm）での測定値よりも20％ほど下がります。ホットスポットでは、地表から30cmでの測定値は、地表3cmでの測定値の10分の1以下に急激に下がります。このようにして、**どこに放射性物質が局在しているかを把握できれば、その汚染を除去（除染）することで被ばく量を減らすことができます。**

◎降り積もった放射性物質を取り除く

　福島第一原発事故の後に、学校の校庭や保育園の園庭などで土の表面を削り取る除染がおこなわれました。**半径3mほどの範囲で、表層土を3cmほど削っただけで、地上の放射線量がかなり下がる効果があがっています。**表面の土を鋤（すき）や鍬（くわ）で掘り起こしてスコップでバケツに入れ、グラウンドの隅に掘った穴に運んで埋めれば、降り積もった放射性物質を取り除くことができます。

　雨どいや雨だれが落ちている地面や排水溝などは、放射性物質が局所的にたまったホットスポットになっていることがしばしばあります。取り除けるものは取り除いた上で、砂利やレンガなどをそこに置けば放射線レベルを下げることができます。

　表面がでこぼこした道路のアスファルトや木製のベンチ、人工芝なども、放射性物質が降り積もると落ちにくくなります。高圧水を噴射する洗浄機で洗ったり、デッキブラシで念入りにこすっ

　＊3　天然の放射性物質は地中に一様に分布しているので、そこから出てくる放射線は地面からの高さを変えて測定しても強度が変わらない。一方、原発事故で放出された放射性物質は、地表に広く分布するが地下にはあまり浸透しておらず、水平方向からの放射線が多いため、測定器の地面からの高さを変えると強度が変化する。

たりして、放射性物質を洗い流しましょう。

除染は早ければ早いほど、被ばく量を減らすことができます。

◎自治体の原子力防災計画や防災訓練を確かめる

原発が立地する自治体やその周辺の自治体では、原発事故の際の防災計画と住民にそれを知らせるパンフレットが作られています。**パンフレットには、避難や屋内退避*4などの指示が出たら、どのように身を守ればいいのかといったことが書かれています。**

原発が立地する道県や隣接する府県などでは、原子力防災訓練が実施されています。そこでは、**避難した住民や車両の汚染検査や、汚染を取り除く訓練などがおこなわれています。**

防災パンフレットを調べたり、訓練を見てみたりして、不安やわかりにくいところがあったら自治体に伝えることも大切です。

原子力発電所の周辺でおこなわれる「原子力防災訓練」

---

*4　屋内退避は、病院や社会福祉施設に入院・入所している人や介助が必要な人などが、早急な避難をするとかえってリスクが高いと判断される場合に、遮蔽効果や気密性が比較的高いコンクリート建屋に立てこもること。

第6章
原子炉と放射線の
事故・事件

1 史上最悪の事故はなぜ起きてしまったの？
《旧ソ連・チェルノブイリ》

> 核エネルギーの利用が始まった1940年代から、世界各地でさまざまな大事故や事件が起こってきました。この章ではそのいくつかをご紹介します。はじめは、原発で起こった大事故です。

◎事故は「実験」の最中に起こった

旧ソ連・ウクライナ共和国のチェルノブイリ原発4号炉は1986年4月26日深夜、核暴走事故によって2回の大爆発を起こし、原子炉本体と建屋が一挙に破壊され、大量の放射性物質を放出しました。

チェルノブイリ原発。中央の煙突が爆発を起こした4号炉
出典：日本科学者会議『環境事典』旬報社（2006年）

事故の前日、4号炉は保守点検のために停止する予定になっていました。その際、発電所外からの送電が止まる事故が起きたときに、タービン発電機を慣性回転で回し続けて[*1]、所内の電力需要[*2]にどれだけ利用できるかを「実験」しようとしていました。

◎旧ソ連でもっとも運転実績がある原発だった

チェルノブイリ原発はRBMK型[*3]という旧ソ連が開発したタイ

＊1 動き続けている物体に力を加えないと、そのまま動き続けることを慣性という。
＊2 原子炉を冷却するポンプや中央制御室の電源など、発電所内では電力が必要となる。
　　原子炉を停止した場合、発電もストップするから、発電所外から電力を供給することになる。この「実験」は、所外からの供給がストップした状況を想定していた。
＊3 日本の原発（軽水炉）は軽水（普通の水）を減速材に使うが、RBMK型は黒鉛。

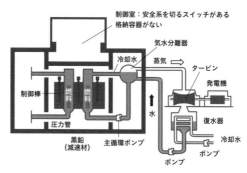

チェルノブイリの構造

出典：安齋育郎『放射能から身を守る本』中経出版（2012年）の図を一部改変

プで、1985年12月末時点で14基が稼働して**国内の原発設備容量の約53％をしめていました。**

　事故前日の25日午前１時、計画に基づいて運転員は原子炉の出力を定格*4から低下させ始め、非常用炉心冷却装置（ECCS）*5を解除しました。計画では定格の20〜30％まで出力を下げて実験する予定でしたが、ウクライナの首都キエフの給電指令室から突如、電力供給を続けるよう要請がきました。そのため運転員は、「いつになったら実験を始められるのか」といらいらしながら、ECCSを解除したまま運転を続行しました。約９時間後に出力低下を再開しましたが、**操作ミスのため予定よりはるかに低い出力まで低下してしまいました。**

◎**きわめて危険な状態だったのに実験を強行**

　午前１時すぎ、予備ポンプを起動させたので規定を超える量の冷却水が循環し始め、水温が下がって気泡が大幅に減少し、原子

---

*4　安全に運転できる条件で出せる最大の出力。

*5　原子炉容器の中から水などの冷却材が失われる事故が起こった際に、ただちに冷却材を注入して炉心を冷却する安全保護装置。ECCSを解除することは運転規則違反。

炉が不安定な状態になりました。そうすると安全装置が作動して原子炉が自動停止する可能性があるので、運転員は実験を続けるために、停止信号をバイパスして効かなくしてしまいました。

午前1時22分30秒、規則で30本以上が必要な反応度操作余裕が6〜8本まで低下[*6]。こうなると原子炉は緊急停止しなければならないのに、運転員は実験を継続するために、それを無視しました。**このとき、原子炉はきわめて危険な状況に陥っていました。ところが運転員は実験開始のため、タービン発電機が止まると原子炉を自動停止させる保護信号をバイパスしてしまったのです**[*7]。

◎実験開始。原子炉は暴走して2回の大爆発が起こった

1時23分04秒、原子炉からタービンに向かう蒸気を絶って、実験が開始されました。原子炉を流れる冷却水の流量が減って温度が上昇し、気泡が増えて出力が上昇し始めました。1時23分40秒、これに気づいた現場責任者は原子炉の緊急停止ボタンを押すように命令しました。しかし、もう手遅れでした。

緊急停止ボタンが押された4秒後、出力は定格の約100倍に急上昇し、数秒の間隔で2回の爆発が起こりました。1回目は溶融した燃料が水と接触した水蒸気爆発、2回目は被覆管のジルコニウムと水の反応による水素爆発と考えられています。爆発で原子炉と建屋は破壊されて黒煙火災も発生し、その後10日間も大量の放射性物質がもれ続けました。

＊6　原子炉緊急停止信号が発生して緊急挿入された制御棒による効果が、もっとも効果的な位置にある制御棒に換算して、何本分に相当するかを示す量が反応度操作余裕である。この量が多いほど、緊急時に制御棒を挿入する際に核分裂反応を効果的に抑制できる。この炉の反応度操作余裕の許容最小量は、運転規則で30本分相当と決められていた。

＊7　失敗しても、もう一度実験するためにおこなわれた。計画には書かれていない。

◎欠陥をかかえた原発での実験が原因

こうした経過を見ると、運転員の規則違反が事故の原因のように思えます[*8]。ところが旧ソ連は事故後に同じ型の原発すべてで、出力を制御する機構にさまざまな設計変更をしています。これは、RBMK型原発に重大な欠陥があったことを示しています。

RBMK型原発には、低出力では制御が非常にむずかしいという欠陥や、制御棒にもさまざまな欠陥がありました。ソ連はこれを知っていたから低出力での運転を規則で禁止し、事故後に制御機構を改善したのです。運転員の規則違反は事故の引き金でしたが、本質的な原因はRBMK自体にあったのです。さらに、ECCSを解除したり、原子炉緊急停止の保護信号をバイパスしたりしても運転できるという、安全保護システムにも重大な問題がありました[*9]。

◎急性放射線障害で29人が死亡し、13万５千人が緊急避難

２回の爆発によって原子炉を構成する物質などが大量に放出され、高温の黒煙が飛び散ったために、タービン建屋の屋根のアスファルトなど各所で火災が発生しました。火災の消火は困難をきわめて、消火作業で多数の人が犠牲になりました。

事故直後に消火活動に参加した消防士と原発運転員に吐き気と嘔吐、頭痛などが現れ、キエフとモスクワの病院に運ばれました。237人が急性放射線障害と診断され、懸命な治療にもかかわらず29人が1986年８月までに亡くなりました[*10]。そのほか、事故時

＊8　「低出力での運転は禁止されていたのに、それをおこなった」「原子炉の安全保護信号をバイパスして、効かなくしてしまった」「規則で定めていた反応度操作余裕以下で運転してはならないのに、続行した」など、6項目の運転規則違反があった。

＊9　安全性が確認されていない実験を、実用の原発でいきなりおこなったことも問題である。実験炉だったら給電指令室から電力供給の要請が来ることもなかったし、実験が遅れて運転員がいらいらしながら待機することもなかったはずである。

の爆発と火傷で2人、ヘリコプターが燃料交換クレーンに衝突してパイロットが1人、避難中のショックで住民が1人死亡したとされています。

1986年5〜12月には、4号炉をおおう「石棺」の建設や1〜3号炉建屋と周辺の除染に、延べ25万人が動員されました[11]。1987年以降に除染に加わった人たちを加えると、延べ60万人以上といわれます。

事故直後に半径30キロメートル（km）圏内の全住民13万5千人が強制避難させられ、これらの人々の外部被ばく線量の平均は120ミリシーベルト（mSv）で、3〜7km圏の住民は540mSvと推計されます。

事故直後の重度の急性放射線障害患者

重度分類	被災者数	死亡者数	全身の被ばく線量（シーベルト）
重度4	22	21	16〜6
重度3	23	7	6〜4
重度2	53	1	4〜2
重度1	45	0	2〜1

出典：日本科学者会議『地球環境問題と原子力』リベルタ出版（1991年）

事故直後に避難した半径30km圏内の住民の外部被ばく線量

地域	人口（人）	1人あたりの平均線量（mSv）
プリピャチ市	45,000	33.3
3〜7km	7,000	543
7〜10km	9,000	456
10〜15km	8,200	354
15〜20km	11,600	52
20〜25km	14,900	60
25〜30km	39,200	46
合計	134,900	116

出典：日本科学者会議『地球環境問題と原子力』リベルタ出版（1991年）

＊10　重度4の人では、被ばく後30分ほどで吐き気・頭痛・発熱が始まり、1週間ほどで重い放射線障害の症状が現れた。全員が体表面の40〜50％に放射線による火傷を負っていて、この火傷が命取りになったと考えられる。

＊11　除染作業だけで1日あたり5000〜1万人が動員された。もっとも困難な作業は、汚染した黒鉛ブロック・核燃料・原子炉構造材の破片が四散していた3号炉建屋の屋根の除染で、1人あたり数十秒〜数分間の決死の作業だった。

◎放射性物質の多くはベラルーシに降下

事故で大気中にもれ出した放射性物質は、1～2エクサベクレル（EBq）[*12]で、放射性貴ガスは原子炉内のすべて、セシウム137やヨウ素131などの揮発性物質は原子炉内の10～20％、非揮発性物質は3～4％が放出されたと報告されています。

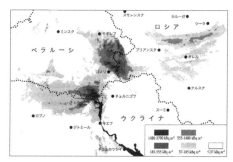

チェルノブイリ原発事故で放出されたセシウム 137 による汚染
出典：日本科学者会議『環境事典』旬報社（2008年）

　事故直後は西～北西、事故後の4日間には北～北東の風が吹いたため、**貴ガス以外の放射性物質の約70％はベラルーシ共和国に降り注いだとされています。放射性物質は、ヨーロッパ諸国はもちろん、8000km以上離れた日本にも降下するなど、地球規模での汚染を引き起こしました。**

　1979年にアメリカでスリーマイル島原発事故[*13]が起こった際、旧ソ連当局は「原発はサモワール[*14]のように安全なものだ」と述べました。そうした慢心が、チェルノブイリ原発事故を起こしました。現在の原子力発電技術は決して成熟したものではなく、その取扱いには細心の注意を払わなければならないのです。

＊12　エクサは10の18乗。1エクサベクレルは1兆ベクレルの100万倍。
＊13　「6-2　空焚きで原子炉が融けてしまった？《米・スリーマイル島》」をご覧ください。
＊14　ロシア式湯沸かし器。

2 空焚きで原子炉が融けてしまった？
《米・スリーマイル島》

装置の故障や誤った操作が悪影響を及ぼしあい、営業用の原子炉で世界初の炉心溶融事故に拡大しました。発電所が事故収束を発表した翌日、住民に避難勧告が出されました。

◎営業中の原発で起こった世界初のシビアアクシデント

原子力発電所でシビアアクシデント（苛酷事故）と呼ばれる大規模事故が発生すると、原子炉の炉心や構造材が回復不能なまでに破壊され、膨大な量の放射性物質が放出されます。シビアアクシデントに至る可能性がある事故には、空焚き事故と暴走事故[*1]の２つがあり、前項のチェルノブイリ原発事故は暴走事故にあたります。もう一方の空焚き事故は、1979年にアメリカ・スリーマイル島原発で発生しました。スリーマイル島原発事故は営業中の商業用原発で起きた、世界初のシビアアクシデントでした。

◎運転開始から３か月後の最新鋭原発だった

スリーマイル島原発は、東海岸に近いペンシルバニア州を流れるサスケハンナ川の中州[*2]にあります。そこは首都ワシントンの北約150キロメートル（km）で[*3]、1970年頃は半径８km以内に２万６千人、16km以内に14万人が住んでいました。

この原発は、電気出力が95.9万キロワットの加圧水型軽水炉[*4]

＊1 空焚き事故は冷却材喪失事故ともいい、原子炉の水が抜けてしまって冷却できなくなることで起こる。暴走事故は反応度事故ともいい、原子炉での核反応が何らかの原因で急激に増加して起こる。
＊2 中州の名が、スリーマイル島。
＊3 ニューヨークからは西約250キロメートルに位置している。
＊4 「5-3 原発にはどんなタイプがあるの？」をご覧ください。

で、事故が起こる 3 か月前の1978年12月に運転を開始したばかりの、当時は最新鋭の原発でした。**スリーマイル島原発は運転経験が豊富な軽水炉であり、しかも最新鋭であって、事故の発生や拡大を防ぐ安全装置が何重にも取りつけられていました。それなのに、なぜ重大事故が起こってしまったのでしょうか。**

◎主給水ポンプの突然の停止で事故は始まった

　事故は1979年 3 月28日午前 4 時、主給水ポンプ（図の①）の突然の停止で始まりました。このポンプは、タービンを出た二次冷却水を蒸気発生器に送っています[*5]。主給水ポンプが故障した場合、補助給水ポンプが作動して二次冷却水を蒸気発生器へ送るように設計され、正常作動したものの出口弁（②）が閉まっていたので、給水できませんでした。そのため蒸気発生器の二次側（③）

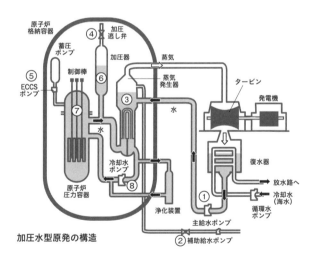

加圧水型原発の構造

＊5　一次系は原子炉から出た水が蒸気発生器、冷却材ポンプを通って原子炉に戻る経路。二次系は蒸気発生器で一次系から熱を受け取って沸騰した水蒸気が、タービンを回したのちに復水器で冷やされて水に戻り、主給水ポンプで蒸気発生器に戻る経路。詳しくは「5-3　原発にはどんなタイプがあるの？」をご覧ください。

は空焚きの状態になり、一次系の熱が二次系で吸収できなくなって圧力が上昇したため、原子炉は緊急停止しました。

　このとき、加圧器の圧力逃がし弁（④）が自動的に開いて、一次系の圧力を下げ始めました。制御室では圧力逃がし弁のランプが「閉」の表示になったので、運転員は一次系の圧力が下がったので弁が自動的に閉じたと思いました。ところが実際は圧力逃がし弁が故障し、開いたままだったのです[6]。

◎まちがった表示を見て非常用炉心冷却装置を停止

　加圧器の圧力逃がし弁から冷却水がもれ続けたので、一次系の圧力はどんどん低下し、非常用炉心冷却装置（ECCS、⑤）[7]が作動して冷却水の補給を始めました。制御室の表示では加圧器の水位（⑥）がふたたび上昇し始めました。しかし実際は、加圧器の水位は原子炉内の水位を正しく表していなかったのです[8]。

　運転員は、まさか圧力逃がし弁が開いているとは思っていませんでした。そのため、このまま水位が上昇すると一次系が満水になり、原子炉（⑦）が高圧で危険になると判断して、ECCSを手動停止しました。しかし実際は、水位は低下していました。これ以後約11時間、ECCSから水が補給されませんでした。

◎一次冷却水の循環も止めてしまい、炉心が急速に損傷

　原子炉の一次冷却水ポンプ（⑧）は、事故の発生から１時間以上にわたって冷却水を循環させ、原子炉を冷却していました。と

＊6　運転員が気づいて手動で圧力逃がし弁を閉じるまでの２時間22分の間、一次冷却水の３分の１の約80トンが開いたままの圧力逃がし弁から流出した。

＊7　原子炉容器の中から水などの冷却材が失われる事故が起こった際に、ただちに冷却材を炉心に注入して炉心を冷却する安全保護装置。

＊8　一次冷却水が局所的に沸騰を起こし、発生した蒸気の泡が一次冷却水を加圧器に押し上げてしまったため、加圧器の水位が見かけ上は上昇してしまった。

ころが一次系の圧力が下がったので、冷却水の中に水蒸気やガスの量が増えて気液二相流*9ができてしまい、ポンプが空回りを始めて激しい振動を起こしました*10。そのため運転員は、日ごろの訓練でやっている通りポンプを停止したのでした。

冷却水の流量が低下し、さらにその循環も止まったので、原子炉では核燃料が過熱して損傷が急速に進んでいきました。燃料の中の核分裂生成物が大量に放出され、加圧器逃がし弁（④）を通って原子炉格納容器へ、そして配管を通って建屋へと放出され、放射線レベルが急上昇しました。また、高温になった燃料被覆管のジルコニウムと水が反応して水素ガスが発生し、原子炉から格納容器にもれ出して水素爆発を起こしました。

◎警報が次々と鳴って運転員が混乱してしまった

事故が進んでいく間、制御室では100ほどの警報が次々と鳴り響いて、運転員は混乱してどう対応したらいいかわからなくなってしまいました。警報装置はたくさんあればいいのではなく、現状が適切で迅速に把握できなかったら役に立たないのです*11。

スリーマイル島原発事故では、運転員の操作によって人為的に事故が拡大した面はあります。しかし、運転員に真剣さが足りなかったわけでも、能力が特に低かったわけでもありません。それなのに事故は起こってしまったのです*12。

*9　水の中に泡が混じった状態。
*10　キャビテーションといい、放置するとポンプが破壊される危険がある。
*11　事故調査特別委員会（ケメニー委員会）が運転員1人ひとりと面接して判明した。
*12　炉心の45%、62トンが溶融して、このうち約20トンが原子炉容器の底にたまった。10年後の調査で、底にひび割れが生じていたことがわかった。もしこれが拡大して溶融燃料などが貫通していたら、さらに危機的な状態になったであろう。

◎アメリカの緊急事態区分で最悪の「一般緊急事態」を宣言

　事故の発生から約３時間後の午前７時ころ、スリーマイル島原発には緊急事態態勢が敷かれ、近隣の市町村や州警察は警戒態勢に入りました。午前７時20分、格納容器の天井に取りつけられている放射線モニターが異常に高い値を示しました。この時点で、**アメリカで決めている原発の緊急事態の中で最悪の、「一般緊急事態」が宣言されました。**

　格納容器はそれまで、たまった水を別の建屋に移すなどの目的で隔離[*13]され

事故当時の写真。うしろに写っているのがスリーマイル島原発
出典：安齋育郎『放射能から身を守る本』中経出版（2012年）

ていませんでしたが、午前７時頃にやっと隔離されました。これで格納容器内の放射性物質がもれ出さなくなるはずでしたが、運転員は配管の閉鎖を解いてしまいました。そのため放射性物質がここを通って、周辺に放出されました[*14]。

　午前11時、事故対応で必要な人以外はスリーマイル島から避難させることが指示されました。午後２時頃、発電所の排気塔の約４メートル（m）上空で１時間あたり30ミリシーベルト（mSv）の放射線を検出しました[*15]。

＊13　安全を確保するために、弁を閉じるなどして外部とのつながりを絶つこと。

＊14　こうした事故の情報を、関係市町村の多くは州政府より報道機関から知るという状況だった。原発から16km離れたハリスバーグの市長もその一人で、午前９時15分頃にラジオ局から「原発事故に対してどうするのか」と質問されて、初めて事故の発生を知った。

＊15　自然放射線レベルの約40万倍に相当する。

発電所は3月29日、「事故は収まった」と発表しました。ところが翌30日、放射性ガスがもれ出して*16、排気塔の上空39mで1時間あたり10mSvを検出しました。**州知事は、16km以内の住民は少なくとも午前中は屋内にとどまること、8km以内の住民のうち妊婦と乳幼児は優先的に避難することを勧告し、周辺にある23の小学校は臨時閉鎖が命令されました***17。

◎「重大事故は起こさない」という魔法の杖は見つからなかった

事故を調査したケメニー委員会の報告書は、「**将来的に重大事故が発生しないと保障してくれる魔法の杖は、発見できなかった。**原子力の安全性についての詳細な青写真も作成できなかった。もし一部の企業などが抜本的に姿勢を変革しなかったら、やがて一般大衆の信頼を完全に失うことになるだろう」と指摘しました。

この事故は、次のようなことを私たちに教えています。

① 「原発で事故が起きても、機器は自動的に安全側に作動するから安全である」という安全PRがおこなわれたが、これは間違いであった。

② いくつかの故障や誤った操作が悪影響を及ぼしあって、事故が連鎖的・複合的に拡大してしまい、大事故にいたることがある。

③ 原発で事故が起こったら、人間が判断を下さないといけない場合が多い。人間の判断や操作が、事故原因に対してしめる比重も大きい。

＊16　放射性貴ガスが約1京ベクレル（1京は1億の1億倍）、ヨウ素131が約6千億ベクレル放出された。

＊17　ハリスバーグへ通じる30メートル道路は車で埋まり、自家用飛行機で退避する住民も現れた。電話が混乱をきわめたため、電話会社はテレビとラジオで「緊急以外の電話は控えるよう」要請した。

3 原子炉が自殺の道連れにされた？
《米・アイダホ》

> 原子炉が暴走したのは、運転員が自殺をはかって制御棒を引き抜いたのが引き金とされています。しかし、1本の制御棒を抜けば簡単に暴走するという設計にこそ、本当の原因があります。

◎小型軍用炉で起こった事故

思いもよらぬ原因で原子炉が暴走し、3人の運転員が亡くなるという事故が半世紀以上前にアメリカで起こりました。放射線レベルがあまりに高かったため、救助のために原子炉に近づくことも困難だったのですが、敷地がとても広かったために周辺地域の住民への影響は軽微なものですみました。

事故が起こったのは1961年1月3日で、場所はアイダホ州にある国立原子炉試験場でした。ここにあったSL-1原子炉は、陸軍が北極の機密施設で電気を起こしたり、暖房したりするために使うことを目的に設計されたものでした。加圧水型の原子炉でしたが、日本で使われている発電炉とは異なる設計で、91％のウラン235を含む高濃縮ウラン[1]を燃料にしていました。

アイダホ原子炉試験場の位置

＊1 「5-2 『原発』と『原爆』の違いって何？」をご覧ください。

◎警報機が原子炉での火災発生を知らせた

SL-1の運転は、3人ずつの軍人が交替制勤務でおこなっていました。この日、原子炉は停止中で、翌4日に運転を再開するための作業をおこなっていました。日中の作業が終わり、午後4時に運転員が交替しました。

異常が起こったのは午後9時1分、**試験場内の3か所で火災報知機が鳴り響き、原子炉での火災発生を知らせました。**消防士が現場にかけつけましたが、放射線の強さが1時間あたり2000ミリシーベルト（mSv）もあり、消防車を後退させました。

午後9時15分、放射線測定器をもった緊急チームが危険を冒して建屋に入り、原子炉の上のフロアまで登りました。ドアから中をのぞいて何らかの爆発が起こったのはわかりましたが、3人の気配はどこにもありませんでした。**測定器を見たところ1時間あたり5000mSvと高く**[*2]**、急いで引き返しました。**

◎救出チームが突入したが運転員は亡くなっていた

事態が明らかになっていくにつれ、だれかが思い切った行動をするしかないことがはっきりしてきました。午後10時50分、5人の救出チームが突入し、運転員1人の遺体を発見しました。2人目を救出し、この人はまだ生きていましたが、だれなのか判別できない状況でした[*3]。

3人目はなかなか見つかりませんでしたが、救出チームの1人が懐中電灯で照らしたときに姿が見えました。その人は原子炉の真上の天井に、胸を制御棒で突き抜かれた状態で串刺しにされていて、頭や腕を床に向かってだらりと垂れ下げた状態で亡くなっていました。その遺体は6日後に天井から取り外され、大量の放

＊2　この場所に1時間いただけで、ほとんどの人が1か月以内に死亡する線量。
＊3　担架で建物の外に運ばれ、救急車で病院に向かったが、数十分後に亡くなった。

射性物質が付着していたため[*4]、鉛の棺（かん）に入れて埋葬（まいそう）されました。

亡くなった運転員が身につけていた宝石や金属は、中性子線を浴びて強く放射化されていたことから[*5]、原子炉が突然暴走した事故であったことが推定されました。

◎敷地が広大だったから被害が小さかった

事故当時、SL-1の原子炉には約40ペタベクレル（PBq）[*6]の放射能があり、爆発で大量の放射性物質が飛び散りましたが、幸いにも大部分は原子炉建屋の内部に残っていました。後に環境放射能が測定された結果、大気中にもれ出したヨウ素131は約3テラベクレル（TBq）と推定されています[*7]。事故翌日、原子炉から8.5キロメートル（km）離れたところで、1立方メートルあたり1.3ベクレルの放射能が観測されました。また、SL-1から400 km風下の町でも放射能が観測されています。

アイダホ原子炉試験場の敷地を茨城県周辺の地図に重ねてみると、とてつもなく広いことがわかります。

アイダホ原子炉試験場の敷地の広さ
出典:中島篤之助『原子力発電の安全性』岩波書店(1975年)

＊4　遺体から2メートル離れたところでも1時間あたり1000〜5000 mSvのきわめて強い放射線が出ていた。
＊5　中性子線を物質にあてるとその物質は放射能をもつようになり、放射化という。
＊6　ペタは1000兆。
＊7　テラは1兆。ちなみに、福島第一原発事故では100〜500 PBq（10万〜50万 TBq）のヨウ素131が大気中に放出されたと推定されている。

この事故の周辺住民への影響は幸いにも軽微なものでしたが、それはSL-1原子炉が広大な敷地の中にあって、人々が住んでいるところから遠く離れていたからです。

◎事故の原因は失恋による自殺だった？

SL-1の放射線レベルが下がるのを待って原子炉の解体がおこなわれ、激烈な爆発が起こっていたことが明らかになりました[8]。3人の運転員が全員亡くなったため、詳しい事故原因はわかっていませんが、なんらかの原因で制御棒が急速に引き抜かれて原子炉が暴走し、爆発に至ったと考えられています。

事故後に撤去されるSL-1原子炉

出典：Wikipedia

SL-1は、制御棒を1本引き抜けば臨界[9]になる構造になっていて、事故当日には運転員が手で制御棒を引き抜く作業を予定していました。軍用の原子炉といっても、乱暴極まりない作業です。

事故から18年後、アメリカ政府は事故調査報告書を公開しました。ここには、運転員の1人が失恋を苦にして自殺をはかり、制御棒を引き抜いたと書かれていました。そのことが引き金だったとしても、制御棒を1本引き抜いただけで簡単に暴走してしまう原子炉の構造にこそ、最大の原因があったと考えられます。

＊8　全重量13トンもの原子炉構造材が、原子炉容器ごと1メートル近くも飛びあがった形跡が見つかった。そのため、原子炉容器に接続されていた水蒸気の配管、給水のための配管など、すべての配管が引きちぎられていた。

＊9　「5-3　原発にはどんなタイプがあるの？」をご覧ください。

4 原子炉火災で広大な牧草地が放射能汚染？
《英・ウィンズケール》

原子炉の黒鉛を焼き鈍しする際に火災が発生し、核燃料が損傷して大量の放射性物質がもれ出しました。事故で得られた知識は、その後の放射能汚染対策に積極的に役立てられました。

◎プルトニウム生産用原子炉で大事故

1957年秋、イギリスの原子炉で大事故が起こり、周辺の広大な地域が放射性物質で汚染されました。原子炉はアイリッシュ海沿岸にあって、**天然ウランを燃料にした黒鉛減速空気冷却型**[*1]と呼ばれるタイプです。**発電はせず、核兵器用のプルトニウム生産を目的にした軍用炉でした。**

ウィンズケール原子炉

イギリス

黒鉛を減速材にした原子炉は、運転中に黒鉛の中にエネルギー[*2]が蓄積されるので、ときどき運転を停止してこのエネルギーを取り除く必要があります。そのために、**黒鉛をある温度まで加熱した後、徐々に冷やす作業（焼き鈍し）をおこないます。事故はこの焼き鈍しの作業中に起こりました。**

* 1　コールダーホール型といい、中性子を黒鉛で減速して、核燃料の冷却は空気の循環でおこなう。これを改良して発電炉としたものがイギリスで広く使われている。日本で最初の商業用原発である東海原発は、これを輸入した。減速と冷却は「5-3 原発にはどんなタイプがあるの？」をご覧ください。
* 2　黒鉛に中性子が照射されると、黒鉛の原子の並び方（原子配列）にゆがみを生じる。これによって蓄積されるエネルギーを、ウィグナー・エネルギーという。

◎原子炉の黒鉛が燃え出した

10月7日、焼き鈍しのためにウィンズケール1号炉[*3]は停止しました。冷却用の空気を送る送風機を止めた後、原子炉を臨界超過[*4]にして焼き鈍しがおこなわれました。この時、**核燃料が損傷するような高温になっていましたが、計測機器の不備と運転員の判断の誤りのため、それに気がつきませんでした。**

翌8日早朝、運転員は原子炉を停止しましたが、焼き鈍しが不十分だと判断して、同日午前11時すぎに2回目の焼き鈍しを始めました。10日早朝、排気塔で放射線レベルが急激に上昇しましたが、間もなく下がってきたので、運転員は何の措置もしませんでした。ところが、放射線レベルはふたたび上昇し、燃料破損事故が起こったことが間違いなくなりました。

10日午後、**遮蔽壁をはずして原子炉をのぞいたところ、約150本の核燃料が赤熱していました。**いろいろな対策をおこなったものの、いずれも成功せず、大量の水を注ぐという非常手段しか残っていませんでした。11日午前8時55分、新たな事態の発生も考えて従業員を退避させた後、注水が開始されて、事故の拡大はようやく食い止めることができました。

事故のあいだ、損傷した核燃料から大量の放射性貴ガスが、排気塔のフィルターを通して大気中にもれ出しました。このフィルターは、現在の原発で使われているものより性能がはるかに劣っていたため、揮発性の放射性物質も大量に放出されました。

＊3　ウィンズケール（事故当時の地名で、現在はセラフィールドという）には2つの原子炉があり、事故を起こしたのは1号炉であった。

＊4　核分裂連鎖反応において、中性子数が時間とともに増えていく状態。

◎広大な牧草地が汚染され、牛乳が出荷禁止に

10月10日から13日に施設や周辺で放射能が分析され、放射性ヨウ素の大量放出が明らかになりました。そして、**「空気→牧草→牛乳→子どもが摂取→甲状腺被ばく」という経路が注目され、牧草や牛乳などの分析が強化されました**[*5]。測定の結果、ヨウ素131は約0.7ペタベクレル（PBq）[*6]、放射性貴ガスは損傷した核燃料中のほぼ全量の約15PBqが放出したと推計されました[*7]。

事故で放出されたヨウ素131による汚染は、イギリス南部からヨーロッパ大陸北部まで及びました。アイリッシュ海の沿岸付近は、東西16キロメートル（km）、南北50kmの総面積518平方キロメートルという広大な牧草地が汚染され、牛乳の出荷が1か月以上にわたって禁止されました。この事故による被ばく量は、甲状腺等価線量が子どもで最大160ミリシーベルト（mSv）、大人が20mSv、地表の放射性物質の濃度がもっとも高かった地域の実効線量が0.3〜0.5mSvと推定されています[*8]。

◎事故の経験はその後に活かされた

ウィンズケール事故は、原子炉の状態を計測する装置の配置など、設計上の問題が主な原因で、運転員の判断の甘さが事故を拡大しました。一方、イギリス政府と原子力公社は、事故についての詳しい報告書を公表するなど、事故から教訓を得ようとする積極的な姿勢をとりました。そのため、この事故で得られた知識は、その後の放射能汚染対策に大いに役立てられています。

＊5　環境放射線測定用自動車が大きな役割を果たし、15台が使用された。また、イギリス各地から150人の科学者が、採取した試料の分析に参加した。
＊6　ペタは1000兆。
＊7　この分析によって、対策に緊急性を要する放射性物質などについての重要な情報が得られた。この情報は福島第一原発事故の際にも活かされている。
＊8　等価線量と実効線量は「3-10　放射線を浴びたら影響はどのくらいあるの？」参照。

5　人口密集地に裸の原子炉が現れた？
《茨城県東海村》

> 限度量をはるかに超えるウラン溶液を、安全対策をしていない
> 容器に入れたために、臨界事故が起こってしまいました。3人
> が大量の放射線を被ばくし、うち2人が亡くなりました。

◎世界中で約20年なかった臨界事故が日本で起こった

　ウランなどが「1か所に一定量以上」集まる[*1]と、核分裂連鎖反応が起こって大量の放射線と熱が発生し、これを臨界といいます。ウランが不注意で臨界量以上になってしまうと、意図しない核分裂反応が起こって制御できなくなり、強い放射線と核分裂生成物が外に放出されてしまいます。これが臨界事故で、原子力開発利用の初期には、世界のさまざまな国で数多く発生しました。

　その後、臨界事故防止への技術的な経験が蓄積されてきたので、1978年12月の事故を最後に世界で臨界事故は起きていませんでした。専門家の間では、臨界事故はそう簡単に起こることはないだろうと思われていたのに、1999年9月に茨城県東海村のウラン加工会社JCO東海事業所で臨界事故が発生してしまいました。

◎許可された工程に違反する「裏マニュアル」をさらに無視

　事故は、試験用の原子炉「常陽」[*2]の燃料を製造するために、濃縮度18.8%のウラン溶液を取り扱う作業中に起こりました。

　濃縮度16〜20%のウランは、臨界事故を起こさないように1

*1　ウランのような核分裂性物質は、ある質量以上にならなければ核分裂連鎖反応を維持できない。その最小質量を、臨界量という。

*2　「常陽」は高速増殖炉。高速増殖炉は、ウラン235が核分裂して飛び出してくる高速の中性子を減速せずに核分裂連鎖反応をおこない、同時に核分裂しにくいウラン238を核分裂物質のプルトニウム239に変える。発電しながら消費した量以上の核分裂性物質を作るので、増殖炉といわれる。

回の取扱量を2.4キログラム（1バッチという）に制限していて、これを質量制限といいます。また、ウランの溶液を扱う際には、細長い形の容器を使って中性子が外にもれ出すようにして、臨界にならないようにします。こちらは形状制限といいます。

　JCO東海事業所では、6〜7バッチのウラン化合物を硝酸に溶かして、均一な濃度の約40リットルの溶液にする作業をしていました。その際、クロスブレンディング*3が国の許可した「正規」の工程です。ところがJCOは、面倒なので貯塔という縦長の容器に6〜7バッチを一度に入れて混合し*4、均一化するという不許可の「裏マニュアル」に変えてしまいました。さらに事故当日の作業は、「裏マニュアル」からも逸脱していました。

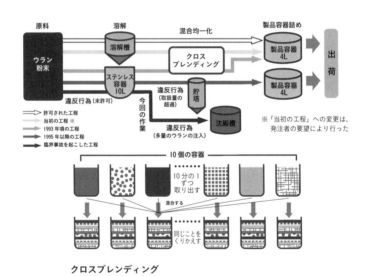

クロスブレンディング

＊3　6〜7バッチを一度に混合すると臨界になるので、クロスブレンディングでは4リットル入りの容器10個から10分の1ずつを取り出して別の容器に配分するという手間のかかる方法でおこなう。
＊4　貯塔は細長い容器で、形状制限を満たしていたが作業しにくかった。

◎臨界事故が発生して、2人の作業員が死亡

9月30日午前10時35分、**形状制限を満たさない容器（沈殿槽）**に取り扱い限度量をはるかに超えるウラン溶液を入れたため、**臨界事故が発生しました。**人口密集地に、制御が効かず遮蔽もない「裸の原子炉」が突然現れたのです。3人の作業員は瞬時に大量の放射線を浴び、2人が亡くなりました[*5]。事故発生5時間後に半径350メートル以内の住民に対して避難勧告、同12時間後に10キロメートル圏内に屋内退避勧告が出されました。いずれも日本初です。

臨界状態が続いていた9月30日深夜、沈殿槽のまわりの冷却水を抜くことが決定され[*6]、翌1日午前2時35分に「1分以上作業をするな」という指示のもとで18人が決死の作業を始めました。午前6時14分、臨界事故はやっと収束しました[*7]。

事故の直接の原因は、JCOによる作業工程の重大な変更でしたが、それが許可も受けずにいとも簡単におこなわれていました。さらに、1回の取扱量が1バッチを超えてはいけないというのに、7バッチ分も入ってしまう沈殿槽が存在したこと自体も問題です。**この容器は当時の科学技術庁と原子力安全委員会の安全審査をパスしたものであり、審査そのものがずさんだったのです。**

＊5　16〜20シーベルト（Sv）程度以上を被ばくした方は同年12月21日、6〜10Sv程度を被ばくしたもう一人の方は翌年4月27日に急性放射線障害で亡くなられた。

＊6　冷却水が沈殿槽からもれ出る中性子数を減らして、核分裂連鎖反応を維持していると考えたから。

＊7　この臨界事故で核分裂連鎖反応を起こしたウラン235の質量は約0.98ミリグラムで、その大きさはあんパンの上のケシ粒ほどである。

6 高温の火球が2つの都市を消滅させた？
《広島、長崎》

> 戦後の世界を支配したいという超大国の思惑があって、開発されて間もない原爆が投下されました。熱線と爆風、放射線によって多くの人が亡くなり、生き残った人も苦しみ続けました。

　ウラン235のような原子に中性子をぶつけると、原子核が核分裂してばく大なエネルギーが放出されます[*1]。不幸なことに、このエネルギーが最初に利用されたのは原子爆弾（原爆）でした。

◎史上初の原爆が広島に投下

　1945年夏、日本の敗戦がほぼ決まっていたことを、アメリカの軍司令部はよく知っていました。この年2月のヤルタ会談でアメリカはソ連と「極東密約」を結び、「ドイツの降伏後3か月以内にソ連が対日参戦すること」を要請していました。5月8日のドイツの無条件降伏から、間もなく3か月たとうとしていました。

　7月16日、ニューメキシコ州の砂漠で史上初の原爆実験を成功させたアメリカの大統領トルーマンは、翌17日にドイツの首都ベルリン郊外にあるポツダムで、ソ連のスターリンと会談しました。ここでソ連が8月中旬までに対日参戦すると聞いたトルーマンは、アメリカ主導で日本との戦争を勝利に導きたいという思惑から、日本での原爆投下目標の選定を急ぎました。8月2日、「広島・小倉・長崎」の3都市が決定され、8月6日未明、ウラン原爆を搭載したB29戦闘機「エノラ・ゲイ」が広島に向かいました。

　午前8時15分、広島市の上空580メートル（m）で原子爆弾が

*1　詳しくは「5-2　『原発』と『原爆』の違いって何？」をご覧ください。

爆発し、広島は消滅しました。**この時間帯が選ばれたのは朝凪で**^{あさなぎ}**無風状態のため、風に流されて目標から外れることがないと考えたからでした。**

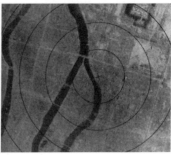

原爆投下前（左）と投下後（右）の広島市の航空写真
出典：Wikipedia

◎３日後、長崎にも原爆が投下

　広島への原爆投下を知ったソ連は、８月８日午後11時に日本に宣戦布告し、９日午前０時に中国東北部（満州）に攻め入りました。これを知ったトルーマンは９日未明、アメリカの手で日本に最後のとどめを刺そうと考え、３時間後にプルトニウム原爆を積んだB29戦闘機「ボックス・カー」を飛び立たせました。

　同機は午前９時45分に小倉上空に達し、原爆投下態勢に入りました。ところが**進入経路の選択に失敗し、前夜の爆撃で発生した火災の煙で目標が見えなかったこともあって、次の目標の長崎に向かいました。**そして午前11時02分、上空503ｍで原爆が爆発して、長崎もまた廃墟と化したのでした。原爆の爆発威力は、高性能火薬のTNT（トリニトロトルエン）に換算して広島が約15キロトン、長崎が約21キロトンと推定されています。

破壊された浦上天主堂（左）とその周辺（右）
出典：Wikipedia

◎高温の火球から猛烈な熱線と爆風が

広島に投下された原爆によるキノコ雲
出典：野口邦和『放射能事件ファイル』新日本出版社（1998年）

　原爆が爆発すると1000万℃、数百万気圧という超高温・超高圧になり、そこから波長が非常に短い電磁波が放出されて空気に吸収されます。さらにその空気が電磁波を出してまわりを加熱するということがくり返され、火球という光り輝く空気の塊ができます。火球からは熱線が放出され[*2]、爆発による超高圧で空気が急激に膨張して、衝撃波（爆風）も生じます。また、大量の放射線も放出されます[*3]。

＊2　熱線によって爆心地の温度は3000〜4000℃になった。
＊3　爆発後1分以内に放出される初期放射線と、1分以上たってから放出される残留放射線がある。残留放射線の大部分は爆発で生じた核分裂生成物で、土や建物の残骸などが中性子で放射化したものも混じっている。こうした放射線降下物をフォールアウトという。なお、原爆が大気圏内で爆発した場合、全エネルギーの50％が爆風、35％が熱線、5％が初期放射線、10％が残留放射線に配分される。

◎爆風と熱線、放射線で多くの人が亡くなった

原爆の被害は、爆風と熱線、放射線の作用が複合して起こりました。**爆心地から広島は 1 キロメートル（km）、長崎は 1.5 km 以内で遮蔽物がない場所にいた人は、熱線で皮膚の表面が黒焦げになるような重い火傷を負い、ほとんどの方が亡くなりました。**

爆発が起こした火災で空気が熱せられて急激に上昇し、そこへ冷たい空気が吹きこんで火災がさらに激しくなる火事嵐も発生しました[4]。火事嵐は広島で激しく起こり、爆心地から 2 km 以内は可燃物がすべて燃え尽きてしまいました。

爆風は爆心地から 500 m でも秒速 280 m に達し、これに直接さらされた人は全員が内臓破裂などで亡くなりました。爆心地から 1.8 km でも秒速 72 m の爆風が吹き、建物が全半壊して多くの人々がその下敷きになって亡くなりました。爆風と火災で、広島は 13 平方キロメートル（km²）、長崎は 6.7 km² という広大な範囲が廃墟となりました。

さらに**初期放射線によって、広島は爆心地から 1 km、長崎は 1.2 km 以内で遮蔽物がなかった人々は、致死的な線量を浴びてほぼ全員が亡くなりました。**生き残った被爆者の方々も、火傷や外傷によるケロイド、目の水晶体がにごって視力が低下する白内障、白血病やさまざまな臓器のがんなどで苦しみました。

1945 年 12 月までに広島で約 14 万人、長崎で約 7 万人、戦後初の国勢調査がおこなわれた 1950 年 10 月までに広島で約 20 万人、長崎で約 14 万人が亡くなったと考えられています[5]。

＊4　火事嵐では煤（すす）や核分裂生成物などの微粒子が巻き上げられて上空に達し、そこで水蒸気が凝縮した雨粒に取りこまれて、黒い雨がしばしば降ってくる。この雨は、救援活動や家族・知人などを探して両市に入った人々にも降り注いだ。

＊5　正確な死亡者数は現在でもわかっていない。なぜなら、原爆によって市役所に保管されていた戸籍などの公文書類がすべて失われ、地域社会も完全に崩壊してしまったからである。

7 秘密だった水爆の構造を
科学者が解き明かした？《マーシャル諸島》

水爆実験によって、周辺で漁船の乗組員や島々の住民たちが白い灰を浴びて被災しました。日本の化学者たちがその灰を分析して、軍事機密だった水爆の構造を解き明かしました。

◎米ソが核実験を競い合う核軍拡時代に

アメリカが広島と長崎に原爆を投下した4年後、ソ連が最初の原爆実験をしました。するとアメリカは原爆の数十から千倍も強力な水素爆弾（水爆）の開発に乗り出し、1952年に水爆実験をしました。ところが翌1953年にソ連も水爆実験をして、核軍拡競争という危険な時代が始まってしまいました。

アメリカは1946年に南太平洋のマーシャル諸島[1]で核実験を始めました。**1954年3〜5月には「キャッスル作戦」という大規模な核実験を続けざまにおこない、このうち5回はビキニ環礁、最後の1回はエニウェトク環礁でした[2]。**

◎夜明けの海に巨大な閃光（せんこう）が現れた

1954年3月1日の未明、ビキニ環礁で目もくらむような光が現れました。一連の実験で最大となるブラボー実験で、15メガトンの水爆[3]が爆発したのです。

閃光の後、巨大なキノコ雲が立ち昇って、3万4千メートルの高さに達しました[4]。**実験がサンゴ礁の地表でおこなわれたため、**

＊1 太平洋上の赤道から北で、日付変更線から西の地域の島々をミクロネシアという。マーシャル諸島はミクロネシアに含まれていて、サンゴ礁の小さな島々が連なっている。
＊2 リング状に発達したサンゴ礁を環礁という。
＊3 TNT火薬換算で、広島に投下された原爆の1000倍の威力。
＊4 富士山の約9倍の高さ。

大量のサンゴなどの破片や蒸発物が、核分裂生成物とともに上空に吹き飛ばされました。

ビキニ環礁でおこなわれたブラボー実験のキノコ雲
出典：Wikipedia

周辺海域では、日本のマグロ延縄漁船が900隻以上操業していました[*5]。その1隻が第五福竜丸で、爆心の東方160キロメートル（km）で延縄を投げた後、エンジンを止めて仮眠していました。

閃光が走った約8分後、地鳴りのような轟音がおそって、船は大きく揺さぶられました。10分ほどの静寂の後、西の水平線の上に巨大なキノコ雲が現れました。現場から退去するために縄を揚げ始めましたが、急いでも約13時間かかります。爆発後に東に向かって風が吹き始めたため、**閃光から約2時間後に白い灰が甲板の上に降り積もり出し、その上を歩くと靴跡が残りました。**

◎**危険区域の外で第五福竜丸や環礁の人々は被災した**

第五福竜丸は、危険区域[*6]から約30kmも外側にいました。それなのに被災したのは、アメリカが水爆の威力の計算を間違え、危険区域の予測が過小だったからです。そのため、危険区域の外にあるロンゲラップ環礁やウトリック環礁の住民も被災しました。

第五福竜丸の23人の乗組員には、白い灰が付着したところに火傷の症状が出るなど、急性放射線障害が出始めました。3月14日に母港の静岡県焼津に帰港した後、その治療と船やマグロの汚染調査が始まりました。乗組員の被ばく量は、実効線量が1700〜

＊5　1本の縄からたくさんの枝縄を出し、枝縄の先端に釣り針をつけて魚を捕る漁法を延縄という。
＊6　アメリカの原子力委員会が想定した。

7000ミリシーベルト（mSv）、甲状腺等価線量が200〜1200 mSvと推定されました[*7]。

白い灰はビキニ環礁の東の島々にも降り注ぎました。ブラボー実験やその他の水爆実験と原爆実験

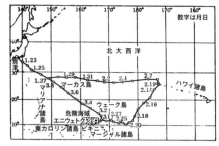

第五福竜丸の軌跡
出典：三宅泰雄『死の灰と闘う科学者』岩波書店（1972年）

によって、ロンゲラップ環礁67人、アイリングナエ環礁19人、ロンゲリック環礁28人、ウトリック環礁157人の住民が白い灰を浴びました[*8]。

◎白い灰の分析で水爆の構造が明らかになった

第五福竜丸が焼津に帰港した2日後、甲板などに降り積もった白い灰の分析が多くの化学者などによって開始され、2か月後に灰にどのような放射性物質が含まれているのかが明らかになりました。もっとも重要なのは灰の中から、ウラン237という自然界には存在しない放射性物質が見つかったことです。

ウラン237は、高速の中性子1個がウラン238にぶつかった後、中性子2個が飛び出して生成します。ウラン237が灰の中にあったということは、水爆のまわりをウラン238がかこんでいたことを意味します[*9]。ウラン238で水爆をかこむと爆発威力が大きくな

[*7] 乗組員の久保山愛吉さんは1954年9月23日に東京第一病院で、「原水爆の被害者は私を最後にしてほしい」の言葉を残して亡くなった。放射線障害の治療中に受けた輸血に肝炎ウイルスが混入し、その感染による肝障害が直接の死因となった。

[*8] ロンゲラップ環礁の住民の被ばく量は、実効線量は1750 mSv、甲状腺等価線量は100〜1500 mSvと推定されている。

[*9] 水爆だけだったら、降灰の中にウラン237は含まれない。

中性子

第五福竜丸に
降り積もった灰の
中から見つかった

ウラン**238** → ウラン**239** → ウラン**237**

中性子

りますが、核分裂生成物が格段に多くなるので「きたない水爆」といわれます。**アメリカは「きたない水爆」であることを秘密にしましたが、日本の化学者たちがそれを解き明かしたのです**[*10]。

◎「すぐに海水に薄められる」ことはなかった

　太平洋の汚染の状況を調べるために、科学調査船の俊鶻丸（しゅんこつまる）が派遣されました。調査の結果、爆心から1000〜2000kmも離れた海域で採取した海水や生物から放射性物質が見つかりました。**アメリカは「海水で薄まるので汚染の心配はない」と核実験の安全性を主張していましたが、そうではなく「なかなか薄まらずに遠くに運ばれた」のです。**この結果に驚いたアメリカ原子力委員会は、ビキニ海域に調査船を送って追試し、日本の調査が正しかったことを認めました。

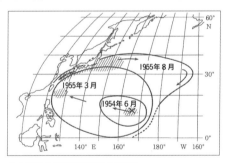

北太平洋での放射性物質の広がり
出典：三宅泰雄・猿橋勝子, 科学, Vol.28, pp520–513（1957年）

　＊10　原爆や水爆に「きたなくないもの」はなかろうが、ウラン238でまわりを取りかこんだ水爆は、水爆の中でも特にきたないので、「きたない水爆」と呼ばれた。アメリカの最高軍事機密であった水爆の構造を、日本の化学者たちが自力で解き明かしてしまったため、アメリカは大慌てになった。

8 秘密都市ですさまじい汚染事故が起こった？
《旧ソ連・チェリャビンスク》

> 秘密都市で放射性廃棄物が川と湖に捨てられ、貯蔵タンクの爆発事故もあって、深刻な汚染が続きました。放出量はチェルノブイリ事故を超えましたが、住民には知らされませんでした。

◎核兵器開発は秘密都市でおこなわれた

　アメリカと核軍拡競争をしていた旧ソ連は、核兵器の開発を10か所の秘密都市でおこなっていました[*1]。それらの都市は、大量の水が必要なので大きな川沿いで、鉄道や道路、大都市の近くという立地条件のところに建設されました。**秘密都市のうち5つが集中したウラル南東部は、ソ連核兵器開発の心臓部といえる地域で、中でも重要なのがチェリャビンスク地域でした[*2]。**

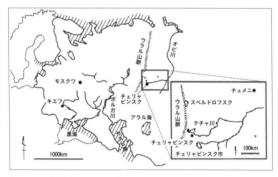

「ウラルの核惨事」の関連地図

出典：原子力資料　No.225（1989）を一部改変

*1　大都市から数十キロメートル（km）離れたところに人口数万人の閉鎖都市を建設。核兵器の設計、製造、組み立て、核弾頭の原料の生産などがされた。
*2　秘密都市チェリャビンスクは、チェリャビンスク市の北西約50kmに建設された。ソ連は当初、チェリャビンスク40と呼び、その後チェリャビンスク65といいかえた。本書では単に「チェリャビンスク」と呼ぶ。ここで生産されたプルトニウムは、ソ連初の原爆実験に使われた。

　イギリスに亡命していたメドベージェフは、ソ連で発表された放射線影響に関する論文を詳細に調べて、**チェリャビンスク地域で1957年秋から冬に大規模な核事故が起こり、世界最大の汚染をもたらした**と発表しました。彼はこの事故を「ウラルの核惨事」と名づけ、これを書いた本は世界中に衝撃を与えました。しかし、その事故は長いあいだ確認することができず、真相が明らかになったのは1991年12月のソ連崩壊後でした。

◎高レベル放射性廃液を川に垂れ流し

　チェリャビンスクでプルトニウム生産の中心になったのは、マヤーク工業コンビナートでした[*3]。ここで大きな問題になったのが、使用済燃料を再処理してプルトニウムを取り出した後の、高レベル放射性廃棄物をどう始末するかでした。

　当初おこなわれたのが、廃液を川に垂れ流すという無謀な方法でした。**約100ペタベクレル（PBq）[*4] という途方もない量の放射性物質を含む廃液が近くのテチャ川に流され、下流の約12万4千人の住民が被ばくしたとされています。**ところが、マヤークの存在自体が高度な機密だったので、住民は高レベル廃液が川に垂れ流されていることをまったく知りませんでした。

　1992年秋にテチャ川流域を調査した日本の化学者は、川岸の土壌からセシウム137を見出しました[*5]。40年がたった後にも、高レベル廃液が垂れ流された証拠がはっきり残っていたのです。

＊3　マヤークには、プルトニウム生産用原子炉4基、再処理工場、高濃縮ウラン生産工場、実験用および放射性同位体の生産用の原子炉1基などがあった。

＊4　ペタは10の15乗。すなわち1000兆。

＊5　野口邦和博士（日本大学）が土壌を採取し、日本に持ち帰って分析した。なお、川岸では1時間あたり13マイクロシーベルト（μSv/時）の放射線が検出され、自然放射線レベルの100倍以上だった。

◎その次は湖に高レベル放射性廃液を捨てた

1953年頃から**高レベル廃液がテチャ川に流せなくなったため、次は近くのカラチャイ湖に捨てられました。**その総量は4.4エクサベクレル（EBq）[8]という気の遠くなるような多さでした。チェルノブイリ原発事故での放出量は1～2EBqとされますから、それを超える量を1つの小さな湖に捨てたわけです。

1967年春は干ばつで、カラチャイ湖は干上がって湖底が露出しました。そこに2週間も強風が吹いたため、約200PBqの放射性物質が飛ばされ、1800平方キロメートルの地域を汚染しました。

◎1957年に高レベル廃液タンクで爆発事故

マヤークにある**高レベル廃液貯蔵タンクで1957年9月29日、冷却システムの故障によって爆発する大事故が発生しました**[9]。爆発によって約700PBqの放射性物質が放出され、その1割ほどは風に流されて1000キロメートル離れたところに達しました。事故後の10日で1100人、その後1年半でさらに1万人が強制移住させられ、1万5千平方キロメートルの地域が封鎖されました。住民に移住の理由は知らされませんでしたが、移住は迅速だったので、被ばく量は最大で900ミリシーベルト（mSv）、平均20mSvとされています。

マヤークでは地中のいたるところに放射性廃棄物が埋められており[10]、**総量は約40EBqにも達するとされています。**この事態をふまえて、1993年にロシア政府は汚染の実態を公表しました[11]。

＊8　エクサは10の18乗。すなわち1兆の100万倍。
＊9　これがメドベージェフが指摘した「ウラルの核惨事」である。
＊10　「最小限輸送の原則」と称して、近いところから順に放射性廃棄物を埋めていった。
＊11　四十数年間にわたって隠し続けられたわけである。

9 廃病院から盗まれた放射線源で4人が死亡した？《ブラジル・ゴイアニア》

廃病院のセシウム137を密封した線源が盗まれ、解体されてしまいました。青白い光を出していたので貴重なものと思われ、ながめたりさわったりした4人が亡くなりました。

◎廃病院から泥棒が放射線源を盗み出した

放射線と何の関係もない人が、放射線と何の関係もない場所で、放射線障害によって亡くなる事故が起こっています。そのひとつが、ブラジルのゴイアニア市[*1]で1987年に起きた事故です。

この事故は、市内の廃病院にあった放射線治療装置の照射体[*2]が盗まれたことに始まります。9月10日、廃病院に貴重な器械が残っているという噂を聞いた2人の泥棒が盗みに入り、分解作業を毎晩続けて、13日についにその取り出しに成功しました。2人は照射体を手押し車に乗せて、500メートル離れた家に持ち帰りました。その日のうちに気分が悪くなって吐き気がし、翌日には下痢とめまいがして、右の手と手首が腫れました[*3]。

セシウム137はステンレス鋼の容器に密封されていたので、外にもれる危険はないはずでしたが、泥棒は18日にそれを分解しました。照射体はその日に廃品回収業者に売り飛ばされて、家のガレージに運ばれました。業者は薄暗いガレージで青白く光る照射体を見て「これは貴重なものだ」と思い、家の中に運びました。

＊1　ゴイアニア市は首都ブラジリアから南東約250キロメートルにある農産物の集散地で、事故当時の人口は100万人であった。

＊2　中にセシウム137が51 TBq（テラベクレル。テラは1兆）が含まれていた。その質量は16グラム。セシウムは塩化物（塩化セシウム）にし、樹脂に混ぜて米粒大のビーズ状にされて、照射体に詰めこまれていた。

＊3　手の腫れやめまいは、食あたりによるアレルギーと診断された。

◎サンドイッチを食べながら「宝物」をいじった

次の日から3日間、めずらしい「宝物」（照射体）を見に、親戚や近所の人、知人などが家に次々とやってきました。その間じゅう、廃品回収業者と妻は「宝物」のそばにいて、妻は21日に吐き気と下痢で病院に行きました*4。

9月22〜24日、業者の使用人2人が照射体から遮蔽材の鉛を溶かし出す作業をして*5、24日に訪ねてきた業者の兄が「宝物」の一部をもらって家に持ち帰りました。それはテーブルの上に置かれ、家族のみんなで見ていました。6歳の娘はサンドイッチを食べながら、「宝物」を楽しそうにいじっていました*6。

9月28日、廃品回収業者の妻は災厄の原因は夫が持ってきた青い光を出すものに違いないと考え、照射体をプラスチックのバッグに入れて使用人に運ばせて公衆衛生局に行きました。そこで医師に「これが家族を殺している」と伝え、医師は市の公衆衛生部に助けを求めて連絡しました。

◎放射線検出器のスイッチを入れたとたん、針が振り切れた

同じく28日、照射体で具合が悪くなった10人が入院していた病院では、医師が放射線被ばくによる症状だと判断して、州の環境局に連絡して物理学者の援助を求めました。休暇でゴイアニアに来ていた物理学者が放射線検出器を借り、公衆衛生局に到着してスイッチを入れると、たちまち針が振り切れてしまいました。

物理学者は検出器が壊れていると考えて別の器械を借り、今度はスイッチを入れたまま公衆衛生局に戻ってきました。すると検

＊4　診断は、食あたりによるアレルギーだった。妻は6000ミリシーベルト（mSv）を被ばくし、後に死亡した。廃品回収業者は7000mSvを浴びたが、生き残った。

＊5　それぞれ6000mSvと5000mSvを被ばくし、後に2人とも死亡した。

＊6　6000mSvを被ばくして、後に死亡した。体内に取りこんだセシウム137は、10ギガベクレル（GBq、ギガは10億）。なお、10GBqのセシウム137の質量は0.31ミリグラムにすぎない。手についた粉をなめた程度で女の子は亡くなった。

出器は建物に近づくにつれて大きな値を示し、何かとんでもなく大きな放射線源がむき出しになっているとしか考えられませんでした。物理学者と医師は、州の保健局に事態を知らせました。

◎約11万人がスタジアムで汚染検査を受けた

ブラジル原子力委員会は約11万人の市民をオリンピックスタジアムに集めて、汚染検査をおこないました[*7]。被ばくした人のうち49人が入院し、そのうち21人は集中治療が必要でした。10月1日には重症者6人が、特殊施設があるリオデジャネイロの海軍病院に運ばれました。この事故による死者は先に述べた4人で、そのほかに1人が片腕を切断しました。

汚染調査の結果、汚染のひどい地域は警察と軍隊によって立ち入りが制限されました。汚染した家屋の撤去や土壌の除去がおこなわれて、44 TBqのセシウム137が回収されたといいます。

よく似た事故はほかにも起こっています。1971年には千葉県で、造船所で溶接した場所を非破壊検査[*8]するための放射線源（インジウム192）が地面に落ち、下請けの青年がそれを拾って家に持ち帰りました[*9]。1984年にはモロッコで、建設現場で使ったインジウム192線源が地面に落ち、通行人がこれを拾って家に持ち帰りました。この事故では8000〜2万5000 mSv（8〜25 Sv）の被ばくによって、8人の家族全員が亡くなりました。

[*7]　249人が汚染されていて、うち120人は着衣と履物の汚染、残りの129人が内部と外部汚染だった。被ばくした線量は、56人が500 mSv、うち19人が1000 mSv以上4000 mSv未満、8人が4000 mSv以上で、7000 mSvを超える人はいなかったとされる。

[*8]　「4-6　放射線を使えば物を壊さずに中が見える？」をご覧ください。

[*9]　この事故で6人が被ばくしたが、死者はいなかった。

もっと知りたい皆さんへ

以下の本を読めば、もっと理解が深まると思います。

菊池　誠・小峰公子『いちから聞きたい放射線のほんとう』筑摩書房
　　放射線入門に最適の本。おかざき真里さんの絵も素敵です。

早野龍五・糸井重里『知ろうとすること。』新潮文庫
　　放射線を「科学的に考える力の大切さ」が会話で語られています。

田崎晴明『やっかいな放射線と向き合って暮らしていくための基礎知識』朝日出版社
　　「放射線がどのくらい体に悪いか」をていねいに解説しています。

飯田博美・安齋育郎『放射線のやさしい知識』オーム社
　　放射線が物質にあたると何が起こるか、もっと知りたい方にお勧め。

舘野之男『放射線と健康』岩波書店
　　放射線障害の歴史、日常の放射線などをわかりやすく説いています。

一ノ瀬正樹『放射能問題に立ち向かう哲学』筑摩書房
　　原発事故に伴う被ばくの問題を、哲学の立場から論じた力作です。

清水修二ら『放射線被曝の理科・社会』かもがわ出版
　　福島の食品は安全か、人が住める場所かをデータで解明しています。

池田香代子ら『しあわせになるための「福島差別」論』かもがわ出版
　　放射線被害について「科学的な議論の土俵を共有しよう」と提案。

舘野　淳『シビアアクシデントの脅威』東洋書店
　　福島第一原発事故がなぜ起こってしまったのかを解明しています。

中西準子『原発事故と放射線のリスク学』日本評論社
　　被ばくリスクがどのくらいで、どう対応すればいいか書いています。

以下の WEB サイトでも放射線などに関する情報を得ることができます。

高エネルギー加速器研究機構「暮らしの中の放射線」
http://rcwww.kek.jp/kurasi/index.html

日本原子力研究開発機構「原子力百科事典 ATOMICA」
http://www.rist.or.jp/atomica/

消費者庁「食品と放射能 Q&A」
https://www.caa.go.jp/disaster/earthquake/understanding_food_
and_radiation/material/

環境省
「放射線による健康影響等に関する統一的な基礎資料」
http://www.env.go.jp/chemi/rhm/h30kisoshiryo.html

福島県「水・食品等の放射性物質検査」
https://www.pref.fukushima.lg.jp/site/portal/list280.html

福島県「各種放射線モニタリング結果一覧」
http://www.pref.fukushima.lg.jp/site/portal/monitoring-all.html

大阪大学医学部甲状腺腫瘍研究チーム
「ホームページへようこそ」
http://www.med.osaka-u.ac.jp/pub/labo/www/CRT/CRT%20
Home.html

参考文献

赤塚夏樹『日本の原発は安全か』大月書店（1992年）

秋山 守『軽水炉』同文書院（1988年）

アラン E. ウォルター『放射線と現代生活』ERC出版（2006年）

安斎育郎『からだのなかの放射能』合同出版（2011年）

安斎育郎『原発と環境』かもがわ出版（2012年）

安斎育郎『食卓の放射能汚染』同時代社（1988年）

安斎育郎『図解雑学 放射線と放射能』ナツメ社（2007年）

安斎育郎『福島原発事故』かもがわ出版（2011年）

安斎育郎『放射能から身を守る本』中経出版（2012年）

安斎育郎『放射能 そこが知りたい』かもがわ出版（1988年）

飯田博美・安斎育郎『放射線のやさしい知識』オーム社（1984年）

池田香代子ら『しあわせになるための「福島差別」論』かもがわ出版（2017年）

一ノ瀬正樹ら『科学リテラシーを磨くための7つの話』あけび書房（2022年）

伊藤嘉昭・垣花廣幸『農薬なしで害虫とたたかう』岩波書店（1998年）

岩井孝ら『気候変動対策と原発・再エネ』あけび書房（2022年）

石井孝ら『福島第一原発事故10年の再検証』あけび書房（2021年）

ウラル・カザフ核被害調査団編『大地の告発』リベルタ出版（1993年）

M. アイゼンバッド『環境放射能』産業図書（1979年）

岡野眞治『放射線とのつきあい』かまくら春秋社（2011年）

小野 周・安斎育郎編『原発事故の手引き』ダイヤモンド社（1980年）

菊池 誠・小峰公子『いちから聞きたい放射線のほんとう』筑摩書房（2014年）

北畠 隆『放射線障害の認定』金原出版（1971年）

工藤久明編『放射線利用』オーム社（2011年）

原子力技術史研究会編『福島事故に至る原子力開発史』中央大学出版部（2015年）

原子力ハンドブック編集委員会編『原子力ハンドブック』オーム社（2007年）

原子力用語辞典編集委員会編『原子力用語辞典』コロナ社（1981年）

児玉一八『活断層上の欠陥原子炉―志賀原発』東洋書店（2013年）

児玉一八『原発で重大事故―その時、どのように命を守るか』あけび書房（2023年）

児玉一八・清水修二・野口邦和『放射線被曝の理科・社会』かもがわ出版（2014年）

小松賢志『現代人のための放射線生物学』京都大学学術出版会（2017年）

阪上正信編『放射化学　要覧と要説』金沢大学理学部放射化学研究室（1966年）

桜井　弘編『元素111の新知識』講談社（2009年）

清水修二『原発とは結局なんだったのか』東京新聞（2012年）

清水修二『NIMBYシンドローム考』東京新聞出版局（1999年）

清水修二・野口邦和『臨界事故の衝撃』リベルタ出版（2000年）

J.エムズリー『元素の百科事典』丸善（2003年）

菅原　努監修『放射線基礎医学』金芳堂（1992年）

政治経済研究所編『福島事故後の原発の論点』本の泉社（2018年）

高野徹ら『福島の甲状腺検査と過剰診断』あけび書房（2021年）

田崎晴明『やっかいな放射線と向き合って暮らしていくための基礎知識』朝日出版社（2012年）

多田　将『放射線について考えよう。』明幸社（2018年）

舘野　淳『原子力のことがわかる本』数研出版（2003年）

舘野　淳『シビアアクシデントの脅威』東洋書店（2012年）

舘野　淳『廃炉時代が始まった』朝日新聞社（2000年）

舘野　淳・野口邦和・青柳長紀『東海村臨界事故』新日本出版社（2000年）

舘野之男『画像診断』中公新書（2002年）

舘野之男『放射線と健康』岩波新書（2001年）

舘野之男『放射線と人間』岩波新書（1974年）

田中司朗ら編『放射線必須データ32』創元社（2016年）

D.N.トリフォノフ・V.D.トリフォノフ『化学元素 発見の道』内田老鶴圃（1994年）

中川　毅『人類と気候の10万年史』講談社（2017年）

中島映至ら『原発事故環境汚染』東京大学出版会（2014年）

中島篤之助『Q&A原発』新日本出版社（1989年）

中島篤之助編『地球核汚染』リベルタ出版（1996年）

中島篤之助『現代と原子力』汐文社（1976年）

永田和宏ら『細胞生物学』東京化学同人（2006年）

長瀧重信『原子力災害に学ぶ放射線の健康影響とその対策』丸善出版（2012年）

中西準子『原発事故と放射線のリスク学』日本評論社（2014年）

中西友子『土壌汚染』NHK出版（2013年）

日本アイソトープ協会『アイソトープ手帳』（2002年）

日本原子力産業会議『解説と対策　放射線取扱技術』（1998年）

日本物理学会編『原子力発電の諸問題』東海大学出版会（1988年）

日本分子生物学会編『21世紀の分子生物学』東京化学同人（2011年）

日本保健物理学会『暮らしの放射線Q&A』朝日出版社（2013年）

野口邦和編『原発・放射能図解データ』大月書店（2011年）

野口邦和『放射能汚染と人体』大月書店（2012年）

野口邦和『放射能からママと子どもを守る本』法研（2011年）

野口邦和『放射能事件ファイル』新日本出版社（1998年）

野口邦和『放射能のはなし』新日本出版社（2011年）

早野龍五・糸井重里『知ろうとすること。』新潮文庫（2014年）

B.アルバートら『細胞の分子生物学』ニュートンプレス（2017年）

物理学史研究刊行会編『物理学古典論文叢書　放射能』東海大学出版会（1970年）

松原昌平ら『わかりやすい放射線測定』日本規格協会（2013年）

藥袋佳孝・谷田貝文夫『放射線と放射能』オーム社（2011年）

三宅泰雄・中島篤之助『原子力発電をどう考えるか』時事通信社（1974年）

三宅泰雄『死の灰と闘う科学者』岩波書店（1972年）

山崎正勝ら『証言と検証 福島事故後の原子力』あけび書房（2023年）

米沢富美子『猿橋勝子という生き方』岩波書店（2009年）

著者

児玉一八（こだま・かずや）

核・エネルギー問題情報センター理事

1960年福井県武生市生まれ。1980年金沢大学理学部化学科在学中に第1種放射線取扱主任者免状を取得。1984年金沢大学大学院理学研究科修士課程修了、1988年金沢大学大学院医学研究科博士課程修了。医学博士、理学修士。

大学2年の時のウランを皮切りに、本書にも登場する水素3（トリチウム）、炭素14、リン32、イオウ35などの放射性物質を取り扱ってきた。

北陸電力志賀原子力発電所を対象に、事故の分析、原子力防災計画の分析と訓練の視察、事故の際の屋内退避施設や避難路の調査などをおこない、わかりやすく知らせる活動をしてきた。福島第一原発事故の後には、各地の講演会やシンポジウム、学習会などで200回以上、講師やシンポジストをつとめている。

◎著書

単著は『活断層上の欠陥原子炉　志賀原発─はたして福島の事故は特別か』（東洋書店）、『原発で重大事故─その時、どのように命を守るか』（あけび書房）、共著は『放射線被曝の理科・社会─四年目の「福島の真実」』『しあわせになるための「福島差別」論』（以上、かもがわ出版）、『福島事故後の原発の論点』（本の泉社）など多数。

図解　身近にあふれる「放射線」が3時間でわかる本

2020年2月27日 初版発行
2023年10月23日 第6刷発行

著者	児玉一八
発行者	石野栄一
発行	明日香出版社

〒112-0005 東京都文京区水道2-11-5
電話 03-5395-7650
https://www.asuka-g.co.jp

印刷・製本　シナノ印刷株式会社

身近な疑問が \\ すっきり解消する // 好評シリーズ！

（図解）身近にあふれる
「科学」が３時間でわかる本

左巻 健男 編著　本体 1400 円

（図解）身近にあふれる
「気象・天気」が３時間でわかる本

金子 大輔 著　本体 1400 円

（図解）身近にあふれる
「生き物」が３時間でわかる本

左巻 健男 編著　本体 1400 円

（図解）身近にあふれる
「微生物」が３時間でわかる本

左巻 健男 編著　本体 1400 円